"十四五"职业教育国家规划教材
经全国职业教育教材审定委员会审定
国家精品课程配套教材

植物组织培养

石文山　主编
陈献礼　主审

中国轻工业出版社

图书在版编目（CIP）数据

植物组织培养/石文山主编. —北京：中国轻工业出版社，2025.5

“十二五”职业教育国家规划教材　国家精品课程配套教材

ISBN 978-7-5019-9173-0

Ⅰ.①植…　Ⅱ.①石…　Ⅲ.①植物组织—组织培养—高等职业教育—教材　Ⅳ.①Q943.1

中国版本图书馆 CIP 数据核字（2013）第 034778 号

责任编辑：江　娟　贺　娜　　责任终审：张乃柬　　整体设计：锋尚设计
策划编辑：江　娟　　责任校对：晋　洁　　责任监印：张　可

出版发行：中国轻工业出版社（北京鲁谷东街 5 号，邮编：100040）
印　　刷：三河市万龙印装有限公司
经　　销：各地新华书店
版　　次：2025 年 5 月第 1 版第 8 次印刷
开　　本：720×1000　1/16　印张：13.5
字　　数：310 千字
书　　号：ISBN 978-7-5019-9173-0　定价：34.00 元
邮购电话：010-85119873
发行电话：010-85119832　010-85119912
网　　址：http://www.chlip.com.cn
Email：club@chlip.com.cn

250725J2C108ZBW

本书编写人员

主　　编　石文山　（滨州职业学院）

副主编　王玉珍　（东营职业学院）
吴志刚　（日照职业技术学院）
燕淑海　（潍坊教育学院）

参　　编　郭建东　（山东科技职业学院）
毕文慧　（山东省农业管理干部学院）
冯　会　（滨州职业学院）
李树丽　（滨州职业学院）
庄丽丽　（滨州职业学院）
张英志　（山东东营大王东方花卉有限公司）

主　　审　陈献礼　（滨州职业学院）

前言

植物组织培养是现代生物技术的重要组成部分，是一门专业性、实践性很强的课程，其实验课的重要性尤为突出。植物组织培养这门技术含量高、应用价值好的现代生物技术对农业高职学生实践能力、创新能力和创业能力的培养，对产学研结合、为农业生产和地方经济建设服务具有重要的现实意义。

响应现代高职教育教学提出的改革要求，我们对植物组织培养内容进行大胆改革，进行真实生产的案例教学，深度融合理论与实践，实施“教学做一体”，实现“产教融合、科教融汇”，打通高职学生从专业到产业的认知拓展、从教学到科研的技能升级，使学生切实掌握植物组织培养技能，了解从业要求和产业现状，为进一步发展奠定必需的理论知识和操作技能。

通过本教材的学习，学生可以明确植物组织培养的基本概念和基本原理，掌握植物组织培养的一般技术和实用型技术，了解植物组织培养的前沿知识和研究技术，具备组建应用性植物组织培养实验室，应用植物组织培养技术进行花卉、蔬菜、果树等良种快繁与无病毒种苗生产的能力以及继续学习与持续发展的能力。

本教材编写分工如下：项目一、项目四的技能训练由石文山编写；项目四单元一至单元四、项目八单元一由石文山、冯会编写；项目七由张英志、石文山编写；项目二、项目八单元二由吴志刚编写；项目三、项目八单元五由燕淑海编写；项目四单元六、项目八单元四由郭建东编写；项目四单元五由冯会编写；项目五由毕文慧编写；项目六、项目八单元三由王玉珍编写。思考与练习由李树丽编写整理，全书图表、图片等由庄丽丽编写整理；项目一至项目七思政育人目标由冯会、庄丽丽编写；数字化资源中视频由石文山、冯会、庄丽丽、李树丽编导拍摄；数字化课件由石文山、冯会、庄丽丽、李树丽编写。全书由石文山统稿、定稿。

本教材的编写得到各参编院校领导、同行、校企合作企业专家的大力支持和帮助，全书由滨州职业学院生物工程学院陈献礼教授审阅，得到滨州职业学院生物工程学院 2010 级园林技术班、生物技术及应用班“植物组织培养兴趣小组”学生的帮助，在此一并表示诚挚的谢意。

由于水平所限，加上时间仓促，错误之处在所难免，恳请同行和专家批评指正。

编者

目 录

项目一
概　　述

知识目标

1. 掌握植物组织培养的概念、类型、特点。
2. 理解细胞全能性理论。
3. 了解植物组织培养发展史。
4. 初步掌握植物组织培养在农业实践上的应用。

能力和技能目标

1. 掌握植物组织培养工作特点。
2. 掌握植物组织培养类型。

思政育人目标

培养热爱国家、热爱专业的精神和意识。

理论部分

植物组织培养是在植物细胞全能性理论的指导下，特别是在植物生长调节剂广泛应用的促进下迅速发展起来的一项新兴技术，是现代生物技术的手段和重要组成部分，也是现今植物生物技术中应用最广泛的技术，逐渐形成了产业化应用。植物组织培养尤其在种苗快繁、无病毒种苗（下文中全简称为“无毒苗”）培育、培育新品种、工厂化生产育苗、次生代谢产物生产等方面成效显著。通过概述的学习，使初学者对植物组织培养的概念、类型、特点、基本理论和发展与应用有一个宏观的认识。

一、植物组织培养的概念

（一）植物组织培养的概念

植物组织培养是指分离一个或数个体细胞或植物体的一部分在无菌条件下

培养的技术。通常我们所说的广义的组织培养，是指在无菌条件下，将离体的植物器官（根、茎、叶、花、果实等）、组织（形成层、花药组织、皮层、胚乳等）、细胞（体细胞和生殖细胞）以及原生质体（即外植体），培养在人工配制的培养基上，在人工控制的条件下进行培养，使其长成完整的植株。由于外植体脱离母体在试管内培养，所以又叫离体培养、试管培养。

植物组织培养的概念：指对植物体组织或由植物器官培养产生的愈伤组织进行培养直至生成完整植株。

（二）外植体

由活植物体上切取下来用以进行培养的那部分组织或器官，包括植物体的各种器官（根、茎、叶、花、果实、种子）、组织和细胞等。常用的外植体有：茎尖、茎段、叶片、鳞片、花药、花瓣、种子等。

（三）细胞全能性

植物组织培养的理论基础是细胞全能性，也是植物再生的依据。所谓细胞全能性是指一个完整的植物细胞拥有形成一个完整植株所必需的全部遗传信息，即细胞具有形成完整植株的潜在能力，给其适宜的条件就能形成一个完整的植株。

1902 年 Haberlandt 就预言：细胞具有全能性（由于受当时技术和设备的限制，他的预言未能用实验证实，直到 1958 年，胡萝卜根的韧皮部细胞悬浮培养，诱导形成胚，发育成完整小植株，第一次证实了细胞全能性学说）。因此，对植物细胞来说，不仅受精卵具有全能性，由合子分裂产生的体细胞也具有全能性。对于动物细胞来说，随着克隆羊、克隆牛的成功，证实了动物体细胞也具有全能性。

植物细胞全能性的表达必须具备一定的条件：①不受母株控制的完整离体细胞；②特定的培养条件，包括营养、激素、光照、温度、通气、湿度等因子。应当指出，全能性只是一种可能性，那些高度特化的组织和细胞，虽然从理论上说具有潜在的分裂能力，实际上，由于内部基因和离体培养条件等限制，它们几乎不能表达出细胞全能性。

（四）脱分化与再分化

植物组织培养按培养材料不同可分为植株培养、器官培养、愈伤组织培养、细胞培养和原生质体培养等，其中愈伤组织培养是最常见的形式。愈伤组织即植物受伤后在表面形成的一团薄壁细胞，组织培养上指外植体形成的薄壁细胞。上述过程叫脱分化，即成熟细胞或分化细胞转变为分生状态的过程。由形成的愈伤组织再形成完整的植株过程叫再分化（再生、分化）（图 1-1）。

植物组织培养的目的：脱分化与再分化。

植物组织培养的主要工作：设计和筛选培养基，探讨、建立合适培养条件。

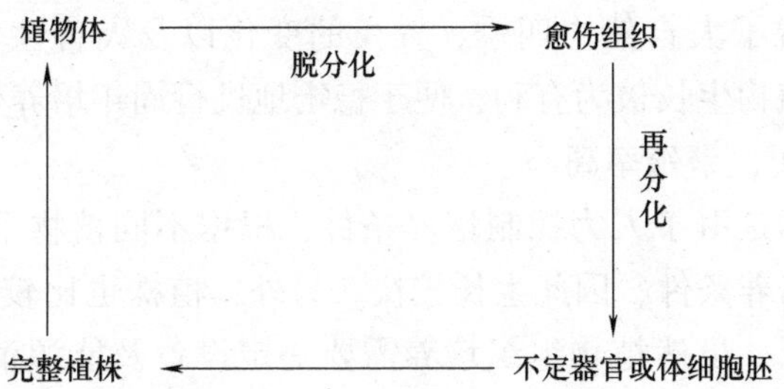

图 1-1　植物组织培养全过程

（五）植物组织培养的类型

植物组织培养有多种分类方法，其中，根据培养材料即培养对象，可分为植株、器官、组织（或愈伤组织）、细胞和原生质体五个培养类型，是比较常用的分类方法。

1. 植株培养

植株培养是对完整植株材料的培养，如幼苗及较大植株的培养。

2. 器官培养

器官培养即离体器官的培养，根据作物和需要的不同，可以包括分离茎尖、茎段、根尖、叶片、叶原基、子叶、花瓣、雄蕊、雌蕊、胚珠、胚、子房、果实等外植体的培养。

3. 组织或愈伤组织培养

此为狭义的组织培养，是对植物体的各部分组织进行培养，如茎尖分生组织、形成层、木质部、韧皮部、表皮组织、胚乳组织和薄壁组织等；或对由植物器官培养产生的愈伤组织进行培养。二者均通过再分化诱导形成植株。

4. 细胞培养

这是对由愈伤组织等进行液体振荡培养所得到的能保持较好分散性的离体单细胞或花粉单细胞或很小的细胞团的培养。

5. 原生质体培养

这是用酶及物理方法除去细胞壁的原生质体的培养。

（六）植物组织培养的特点

植物组织培养是 21 世纪发展起来的一门新技术，由于科学技术的进步，尤其是外源激素的应用，使组织培养不仅从理论上为相关学科提出了可靠的实验证据，而且一跃成为一种大规模、批量工厂化生产种苗的新方法，并在生产上得到越来越广泛的应用。植物组织培养之所以发展如此之快，应用的范围如此之广泛，是由于其具备以下几个特点：

1. 培养条件可以人为控制

组织培养采用的植物材料完全是在人为提供的培养基质和小气候环境条件

下进行生长，摆脱了大自然中四季、昼夜的变化以及灾害性气候的不利影响，且条件均一，对植物生长极为有利，便于稳定地进行周年培养生产。

2. 生长周期短，繁殖率高

植物组织培养是由于人为控制培养条件，根据不同植物不同部位的不同要求而提供不同的培养条件，因此生长较快。另外，植株也比较小，往往 20~30d 为一个周期。所以，虽然植物组织培养需要一定设备及能源消耗，但由于植物材料能按几何级数繁殖生产，故总体来说成本低廉，且能及时提供规格一致的优质种苗或脱病毒种苗。

3. 管理方便，利于工厂化生产和自动化控制

植物组织培养是在一定的场所和环境下，人为提供一定的温度、光照、湿度、营养、激素等条件，极利于高度集约化和高密度工厂化生产，也利于自动化控制生产。它是未来农业工厂化育苗的发展方向。它与盆栽、田间栽培等相比省去了中耕除草、浇水施肥、防治病虫害等一系列繁杂劳动，可以大大节省人力、物力及田间种植所需要的土地。

（七）常用术语

初始培养：芽、茎段、叶片、花器等外植体在离体培养条件下诱导愈伤组织、侧芽或不定芽、胚状体的过程。

继代培养：更换新鲜培养基来繁殖同种类型的材料（愈伤组织、芽）。

继代周期：前后两次继代培养间隔的天数。

增殖系数：后一次培养物的数量比前一次增加的倍数。

生根培养：将芽苗转接到生根培养基上培养成为完整植株的过程。

驯化移栽：组培苗经人工炼苗后移栽到驯化苗床上使之适应露地或保护地条件的过程。

二、植物组织培养的发展简史（扩展阅读）

植物组织培养技术的蓬勃发展只是近 50 年的事，但它的整个历史可以追溯至 19 世纪末和 20 世纪初。

1838—1839 年，德国植物学家 Schleiden 和动物学家 Schwann 发表了细胞学说，奠定了组织培养的理论基础。1902 年德国植物学家 Haberlandt 根据细胞学说提出了单个细胞的植物细胞全能性理论，即植物的体细胞，在适当的条件下，具有不断分裂和繁殖，发育成完整植株的潜在能力。他首次发表了植物离体细胞培养实验的报告（他在 Knop 溶液中加蔗糖培养单个离体细胞——凤眼兰的栅栏组织和万年青的表皮细胞，虽看到细胞生长和淀粉形成，但没发现细胞分裂。失败的原因：实验材料高度分化和培养基过于简单，这时没发现激素）。1904 年，Hanning 最先成功地培养了萝卜和辣根菜的胚。1912 年，Haberlandt 的学生

Kotte 和美国的 Robins 在根尖培养中获得了组织培养的成功。1922 年，Knudson 采用胚培养法获得大量兰花幼苗。1934 年，美国的 White 由番茄根建立了第一个活跃生长的无性繁殖系，并反复转移到新鲜培养基中继代培养，使根的离体培养实验获得了真正的成功，并在以后 28 年间培养了 1600 代，从而使非胚器官的培养首先获得成功。这之后，White 又以小麦根尖为材料，研究了光、温度、通气、pH、培养基组成等各种培养条件对生长的影响，并于 1937 年建立了第一个组织培养的综合培养基，该培养基后来被定名为 White 培养基。与此同时，Gautherer（1934 年）在研究山毛柳和黑杨等形成层的组织培养实验中，提出了 B 族维生素和生长素对组织培养的重要意义，并于 1939 年连续培养胡萝卜根形成层获得首次成功。1964—1966 年，印度科学家 Guha 和 Maheswari 在曼陀罗花药培养中首次由花粉诱导得到了单倍体植株。1972 年，Carlson 通过两个种的烟草原生质体融合培养，获得了第一个体细胞杂交的杂种植株。同年，White 由烟草种间杂种的瘤组织，Nobecourt 由胡萝卜均建立了与上述类似的连续生长的组织培养物。因此，Gautherer、White 和 Nobecourt 一起被誉为组织培养学科的奠基人。我们现在所用的培养方法和培养基，基本上都是由这三位科学家建立的。后来，White 于 1943 年发表了《植物组织培养手册》专著，使植物组织培养开始成为一门新兴的学科。

20 世纪 40 年代，Skoog 和崔徵在烟草茎切段和髓培养以及器官形成的研究中发现，腺嘌呤或腺苷可以解除培养基中生长素（1AA）对芽形成的抑制作用，而能诱导形成芽，从而明确了腺嘌呤与生长素的比例是控制芽和根形成的主要条件之一。即这一比例高时，产生芽；这一比例低时，则形成根；相等则不分化。在寻找促进细胞分裂物质的过程中，Miller 等人于 1956 年发现了激动素。不久即知道激动素可以代替腺嘌呤促进发芽，并且效果可增加 3 万倍。结果上述控制器官分化的激素模式变为激动素与生长素的比例关系。这方面的成功发现，有力地推动了植物组织培养的发展。

1952 年，Morel 和 Martin 通过茎尖分生组织的离体培养，从已受病毒侵染的大丽花中首次获得无病毒植株。1935—1945 年 Muir 把单细胞放在一张铺在愈伤组织上面的滤纸上培养，使细胞发生了分裂，即实施了看护培养，使单细胞培养获得初步成功。

1958 年，英国科学家 Steward 等用胡萝卜根的愈伤组织细胞进行悬浮培养，成功诱导出胚状体并分化为完整的小植株，不但使细胞全能性理论得到证实，而且为组织培养的技术程序奠定了基础。

1960 年，Cocking 等人用真菌纤维素酶分离植物原生质体获得成功。1971 年，Takebe 等在烟草上首次由原生质体获得了再生植株，这不仅在理论上证明了无壁的原生质体同样具有全能性，而且在实践上为外源基因的导入提供了理想的受体材料。

1960年，Morel提出了一个离体无性繁殖兰花的方法，其繁殖系数极高。由于这一方法有很大的应用价值，很快被兰花生产者所采用，迅速建立起兰花工业。

1962年，Murashinge和Skoog在烟草培养中筛选出至今仍被广泛使用的MS培养基。

1962年，印度Guha等人成功地在毛叶曼陀罗花药培养中，由花粉诱导得到单倍体植株，从而促进了花药和花粉培养的研究。以后这种技术相继在烟草、水稻、小麦、玉米、番茄、辣椒、草莓、苹果等多种植物培养中获得成功，其数目达到160多种，其中烟草、水稻和小麦等的花药育种培养在中国取得了引人注目的成就。

卡尔逊（Carlson）等1972年进行了两个烟草物种（粉蓝烟草和郎氏烟草）之间原生质体融合的研究，并成功获得了第一个体细胞杂种。陈瑞阳和李懋学在1981年利用聚乙二醇（PEG）作为融合诱导剂，实现了矮牵牛与烟草属间原生质体的融合，并获得了再生植株。

20世纪80年代中期以来，对禾谷类作物的原生质体培养也相继告捷，在这方面中国学者做出了重要贡献。

在整个植物组织培养发展的历史中，我国学者做出过多方面的贡献，除了前述的崔徵的研究成效以外，还有1993年李继侗等关于玉米等植物离体根尖培养的研究工作，以及罗士韦关于幼胚和茎尖培养、李正理关于离体胚的研究培养、王伏雄等关于幼胚的研究培养工作等。

三、植物组织培养技术的应用

植物组织培养成为生物科学的一个重要手段，除了在基础理论的研究上占有重要地位以外，还在农业生产中也得到越来越广泛的应用。

（一）快速繁殖种苗

用组织培养的方法进行快速繁殖是生产上最有潜力的应用，包括花卉观赏植物、蔬菜、果树、大田作物及其他经济作物。快繁技术不受季节等条件的限制，生长周期短，而且能使不能或很难繁殖的植物进行增殖。

快速繁殖可用下列手段进行：通过茎尖、茎段、鳞茎盘等产生大量腋芽；通过根、叶等器官直接诱导产生不定芽；通过愈伤组织培养诱导产生不定芽。试管快速繁殖应用在下列生产或研究中：①繁殖杂交育种中得到少量杂交种，以及保存自交系、不育系等。②繁殖脱毒培养得到少量无毒苗。③繁殖生产上急需的或种源较少的种苗。

由于组织培养周期短、增殖率高及能全年生产等特点，加上培养材料和试管苗的小型化，这就可使有限的空间培养出大量的植物，在短期内培养出大量的幼苗。如1个兰花外植体，1年可以繁殖400万个原球茎；1个草莓芽，1年内可繁殖10^8个芽。组织培养突出的优点是“快”，通过这一方法在较短时期内能迅速扩大植物的数量，以一个茎尖或一小块叶片为基数，经组织培养一年内可增殖到10000~100000株。

（二）无毒苗的培养

植物在生长过程中几乎都要遭受到病毒病不同程度的危害，有的种类甚至同时受到数种病毒病的危害，尤其是很多园艺植物靠无性方法来增殖，若蒙受病毒病，代代相传，越染越重，甚至会造成极严重的后果。自从Morel于1952年发现采用微茎尖培养方法可得到无毒苗后，微茎尖培养就成为解决病毒病危害的重要途径之一。若再与热处理相结合，则可提高脱毒培养的效果。对于木本植物，茎尖培养得到的植株难以发根生长，则可采用茎尖微体嫁接的方法来培育无毒苗。

组织培养无毒苗的方法已在很多作物的常规生产上得到应用，目前，通过茎尖脱毒获得无毒种苗的植物已超过100多种。脱毒试管苗在国际市场上已形成产业化，如马铃薯、甘薯、草莓、苹果、香石竹和菊花等。已有不少地区建立了无毒苗的生产中心，这对于无毒苗的培养、鉴定、繁殖、保存、利用和研究，形成了一个规范的系统程序，从而达到了保持园艺植物的优良种性和经济性状的目的。

（三）在育种上的应用

植物组织培养技术为育种提供了许多手段和方法，使育种工作在新的条件下更有效地进行。如用花药培养单倍体植株，用原生质体进行个体细胞杂交和基因转移，用子房、胚和胚珠完成胚的试管发育和试管受精，以及种质资源的保存等。

胚培养技术很早就有利用，在种属间远缘杂交的情况下，由于生理代谢等方面的原因，杂种胚常常停止发育，因此不能得到杂种植物，所以通过胚培养就可保证远缘杂交的顺利进行。到20世纪50年代胚培养技术在实践上的应用就更多了，如在桃、柑橘、菜豆、南瓜、百合、鸢尾等许多园艺植物远缘杂交育种上都得到了应用。大白菜×甘蓝的远缘杂交种“白兰”（甘蓝型油菜），就是通过杂种胚的培养而得到的。对早期发育幼胚因太小难以培养的种类，还可采用胚珠和子房培养来获得成功。利用胚珠和子房培养也可进行试管受精，以克服柱头或花柱对受精的障碍，使花粉管直接进入胚珠而受精。

花药、花粉的培养在苹果、柑橘、葡萄、草莓、石刁柏、甜椒、甘蓝、天竺葵等约20种园艺植物上得到了单倍体植株。在常规育种中为得到纯系材料要经过多代自交，而单倍体育种，经染色体加倍后可以迅速获得纯合的二倍体，大大缩短了育种的世代和年限。

利用组织培养可以进行突变体的筛选。突变的产生因部位而异，茎尖遗传性能比较稳定，根、茎、叶乃至愈伤组织和细胞的培养则变异率就较大。培养基的激素也会诱导变异，因浓度而不同。此外还可采用紫外线、X射线、γ射线对材料进行照射，来诱发突变的产生。在组织培养中产生多倍体、混倍体现象的比较多，产生的变异为育种提供的材料，可以根据需要进行筛选。利用组织培养，采用与微生物筛选相似的技术，在细胞水平上进行突变体的筛选更加富有成效。

原生质体培养和体细胞杂交技术的开发，在育种上展现了一幅崭新的前景。已有多种植物经原生质体培养得到再生植物，有些植物得到体细胞杂种，无论在理论和实践上都有重要价值。随着这方面工作的深入和水平的提高，原生质体培养一定会在育种上产生深远的影响。

（四）工厂化育苗

近年来，组织培养育苗工厂化生产已作为一种新兴技术和生产手段，在园艺植物的生产领域蓬勃发展。组织培养育苗工厂化生产，是以植物组织培养为基础，在含有植物生长发育必需物质的人工合成培养基上，附加一定量的生长调节物质，把脱离于完整植株的本来已经分化的植物器官或细胞，接种在不同的培养基上，在一定的温度、光照、湿度及pH条件下，利用细胞的全能性以及原有的遗传基础，促使细胞重新分裂、分化长成新的组织、器官或不定芽，最后长成和母株同样的小植物体。例如，非洲紫罗兰组织培养育苗的工厂化生产，就是取样品株一定部位的叶片为材料，消毒后切成一定大小的块，接种在适宜的培养基上，在培养室内培养，两个月左右在切口处产生不定芽，这些不定芽再切割后又形成新的不定芽，如此继续，即可获得批量的幼小植株，按需要量生产与样品株完全相同的苗子。

工厂化生产组织培养育苗，是按一定工艺流程和规范化程序进行的，不但具有繁殖速度快、整齐、一致、无虫少病、生长周期短、遗传性稳定的特点，而且还可以加速产品的发展，获得繁殖无性系。特别是对一些繁殖系数低、具有优良性状的易分离的杂合材料或从杂合的遗传群体中筛选出表现型优异的植株，需要保持其优良遗传性的，有更重要的作用。另外，组织培养育苗的无毒化生产，还可减少病害传播，更符合国际植物检疫标准的要求，扩大产品的流通渠道，增加产品市场的销售能力，同时可以减少气候条件对幼苗繁殖的影响，缓和淡、旺季的供需矛盾。

世界上一些先进国家园艺植物组织培养技术的迅速发展从20世纪60年代就已经开始，并随着生长、分化规律性探索的逐步深化，到了20世纪70年代仅花卉业就已在兰花、百合、非洲菊、大岩桐、菊花、香石竹、矮牵牛等二十几种花卉幼苗生产上建立起大规模试管苗商品化生产，到1984年世界花卉幼苗产业的生产总值已达20亿美元，其中美国花卉幼苗市场总值为6亿多美元，日本三友种苗公司有60%的幼苗靠组织培养技术繁殖。1985年仅兰花一项，在美国注册的公司就有100余家，年销售额在1亿美元以上。由于组织培养技术的应用，加快了花卉新品种的推广。以前靠常规方法推广一个新品种要几年甚至十多年，而现在快的只要1~2年就可在世界范围内达到普及和应用。

我国采用快速繁殖技术，也使优良品种得到迅速的推广和应用。如广东切花菊“黄秀风”，菊花变大，长势加强，花色鲜艳，抗病力增强，打开了进入香港市场的渠道。另外，快速繁殖技术使30多种观叶植物的推广很快遍及全国，丰富了人们的生活，并将自然界的几百个野生金钱莲品种繁种驯化，培养了一批园林垂直绿化的品种，促进了园林业的发展。

（五）在次生代谢产物生产上的应用

借助生物发酵技术，利用植物细胞、细胞团的大规模培养，可以高效生产人类所需要的多种天然化合物，如蛋白质、脂肪、糖类、抗癌药物、香料、生物碱、调味品、色素等。目前，已有60多种植物的培养组织中的有效物质高于原植物，国际上已获得这方面专利100多项。近年来，这一领域的发展极为迅速，已经研究了400多种植物，从培养细胞中分离到600多种次级代谢产物。目前三七、紫草和银杏的细胞产物都已经实现了工厂化生产。药用植物的细胞培养，克服了药用植物生长缓慢、有效成分积累有限的缺陷，其发展前景十分诱人。

（六）种质资源的保存

农业生产是在现有种质资源的基础上进行的，由于自然灾害和生物之间的竞争以及人类活动对大自然的影响，已有相当数量的植物物种在地球上消失或正在消失。利用植物组织培养技术进行低温和冷冻保存种质，可大大节约人力、物力和土地，还可挽救那些濒危物种，同时也便于种质资源的交换和转移，防止病虫害的人为传播，给保存和抢救有用的物种基因带来了希望。例如胡萝卜和烟草等植物的细胞悬浮物，在-196℃至-20℃的低温下贮藏数月，尚能恢复生长，再生成植株。目前，我国已在多处建立了植物种质资源离体保存设施。

植物组织培养也存在一定的困难，首先是繁殖效率与商品需要量的矛盾，有些作物由于繁殖方法尚未解决，因而无法满足生产的需要，其次是在培养过程中如何减少变异株的发生。更重要的是应降低组培苗工厂化生产的成本，只有降低成本，才能更好地投产应用。

总之，随着组织培养这一技术的发展及各种培养方法的广泛应用，使这一技术在遗传育种、品种繁育等方面表现出了巨大的潜力，特别是生物工程和工厂化育苗实施以后，它将以新兴产业的面目在技术革命中发挥重大作用。

四、国内外组织培养概况及发展趋势

(一) 概况 (扩展阅读)

植物组织培养的商业化运作始于“兰花工业”。自20世纪70年代开始，组培企业迅猛发展，1985年全球年产组培苗约1.3亿株，到1991年已达5.13亿株。1996年，仅印度全国年产组培苗已超过1.9亿株。2000年全球年产组培苗超过15亿株，2002年达到20亿株。组培苗的世界年生产量每年以10%~15%的速率递增。即便组培产业发展如此迅速，需求仍超过生产，这为该产业留下了足够的发展空间。在早期，组培苗产业化生产主要集中在发达国家，如美国、荷兰、英国等，但组培产业化生产需要大量的具有一定技术的劳动力，所以在发达国家，高昂的劳动力成本已成为组培产业发展的最大制约因素，以致该产业的发展近期似乎表现出停滞现象。如美国只有一半的生产能力被利用起来。相反在发展中国家，低廉的工资能生产出低成本的试管植物。如印度的微繁殖工业，起步虽比西方晚了近10年，而产量却从1988年的500万株跃升到1996年的1.9亿株，企业数量相应地从4家发展到75家。因此业内人士认为，组培产业今后发展的趋势是东移（主要是东南亚）和南移（拉美），由发达国家向劳动力低廉的发展中国家转移。

20世纪60年代以来，国外组培应用发展很快，欧洲许多国家纷纷建立植物微繁殖公司。据欧洲及地中海植物保护组织（EPPO）1991年公报，西欧国家共有248个植物微繁公司，重点是繁殖那些经济价值较高的观赏植物，如香石竹、月季、百合、大花萱草等30余种。美国有年生产能力200万~400万株的植物离体繁殖公司250家，荷兰72家，其中年生产能力500万株的就有6家，荷兰年生产各类试管苗8000万株。20世纪70年代以后，植物组织培养研究对象和内容发生了根本的变化，研究对象由经典的实验植物转向有重要经济价值的农作物，研究内容也由探索和完善农作物技术逐步转向把这些技术应用于生产实践的研究。

我国离体繁殖苗木技术的开发应用始于20世纪80年代初。目前从事组织培养的人员和实验室面积居世界第一，估计约有3000个以上的单位从事这一领域，从业人数2万人以上。我国拥有大量的优秀科技人才，植物种质资源丰富，特别是具有一定文化知识的劳动力资源比较丰富，劳动力价格相对比较低廉，特别是操作工人一般是年轻的女工，在发达国家劳动力价格高昂，而在不发达国家，年轻的妇女大都没有文化，很难适应这一技术含量比较高的工作，因此我国在这方面具有很大的优势。另外我国在技术上也有一定的积累，例如北方的脱毒马铃薯、中原地区的脱毒大蒜、华南的脱毒香蕉组培苗以及一些花卉组培苗生产已进入规模化生产，因此完全有可能成为今后世界上组培苗的主要生产国和外资在这方面进行投入的一个主要国家。特别是近年来我国政府提出发展效益农业，全面推进农业和农村现代化建设，在全国建立了不少农业现代化园区，与此同时不少具有实力的私营企业也投资效益农业，估计我国的组培苗生产企业满负荷运转的话，生产量可超过3亿株。目前，观赏植物、园艺作物、经济林木、无性繁殖作物等部分或大部分都用离体快繁提供苗木，试管苗已出现在国内外市场上并形成产业化。

20世纪70年代初期开始，我国掀起了单倍体育种的高潮，约有上千个机构和小组从事小麦、水稻、烟草、玉米、三叶橡胶等各种作物的花药花粉培养，并取得了一批有意义的成果。目前我国在原生质体培养、体细胞杂交、突变体筛选、去除病毒、次生代谢物发酵生产、人工包装超级种子等方面都有了进步。组织培养应用已涉及观赏植物、果树、农作物、林木、药用植物、工业原料植物等方面，人们以组织培养技术为手段，对植物的快繁与脱毒、种质保存、次生物质生产、细胞工程和基因工程等生物技术育种以及遗传学和生物学基础理论进行了广泛的研究。

20世纪80~90年代所涉及的植物种类就有300多种。而到21世纪，植物组织培养所涉及的植物种类已经几乎遍及所有研究领域，而且植物种类的数量还将进一步增加。目前，我国规模化生产的观赏植物已涉及182种以上，多数组培企业的年生产能力为几十万至上百万株，有的已经超过1000万株。

2010年2月1日，上海大地园艺种苗公司投资1500万元新建的组培实验室正式投入使用。据悉，新建组培室将达到年产3000万株组培苗。大地公司在原有的2000m² 组培室上进行扩建，新建成的组培室面积将达3500m²。这个组培室吸纳了德国、日本、荷兰等国的先进技术，投入使用后将采取全球视频控制，让世界各地的客户都可看到每台超净台的工作情况。整个组培室内的空间就相当于一个大的超净台，通过空气过滤系统不断净化，达到无菌状态。图1-2中为大地公司非洲菊生产基地。

图1-2　大地公司非洲菊生产基地

为了加快组培苗的生长速度，提高其质量，改善其品质，并降低生产成本，国内外的学者将环境控制技术和植物组织培养技术有机结合起来做了大量研究，发明了一些植物组织培养的新技术和新方法。开放组培技术使组织培养突破了传统组培必须无菌的概念，使带菌组培成为现实，具有很好的发展潜力。无糖培养改革了传统组培以糖作为碳源的培养模式，通过增加 CO_2 浓度，创造更接近于自然状态的植物生长环境，从而提高了组培苗的成活率和生长发育速度，不仅降低了组培苗的生产成本，更有利于实施组培微生态环境的自动化监控和自动化生产管理，用此项技术构建的组培快繁技术新体系，将使植物组培形成规模化和产业化格局。新型光源 LED 的应用为组培苗的生长提供了更加适宜的光照条件，有利于提高组培苗的成活率和促进其生长发育，还能延长光源的使用寿命，大大降低了生产成本，新型光源还具有高效、节能、节省空间等优点。

（二）展望

20 世纪 60 年代以后，植物组织培养技术开始在生产上应用，并且逐渐朝着产业化方向发展。随着科学技术的不断进步，植物组织培养这门崭新的技术将日益普及和深入，必将成为现代农业生产中重要的技术手段。

科学家预言，21 世纪是生物学世纪，人口、地球环境、食物、资源与健康等重大问题的解决，无不寄希望于生命科学与生物技术的进步。随着科学技术的进步、研究领域的拓展，我国植物组织培养技术的进一步发展是不可阻挡的必然趋势，并将逐步与其他学科领域的相关技术进一步交叉融合，在各大研究领域得到深入普及和广泛应用，研究的深度日益增加，广度逐渐外延。同时，研究定位也会向两极化方向发展，即一方面走向宏观、定性，以快速高效、简约低成本为目标的粗放化方向发展；另一方面走向微观和定量，密切与各种分子技术手段相结合，并以各种数量统计技术为基本载体快速发展，以探索机理、研究机制为目标的精细化方向发展。

总之，植物组织培养作为生物科学研究和生产实际应用的一门基本技术，终将与生物高新技术结合，成为连接宏观和微观研究的一座桥梁，成为生物技术中应用最广、最具有现实价值的技术。组织培养是生物工程的基础和关键环节之一，并且它在农业生产实际应用中越来越广泛，发挥越来越重要的作用。而且，据有关专家预测，未来 10 年，市场对组培苗的需求量将以 7%～8%的速度递增，这为植物组织培养快繁技术提供了广阔的前景。

五、小结

植物组织培养的含义：指在无菌条件下，将离体的植物器官、组织、细胞或原生质体，培养在人工配制的培养基上，人为控制培养条件，使其生长、分化、增殖，发育成完整植株或生产次生代谢物质的过程和技术。

植物组织培养的类型：植株培养、器官培养、组织培养、细胞培养、原生质体培养。

植物组织培养的特点：培养条件可人为控制；生长周期短，繁殖率高；管理方便，利于工厂化生产，因而发展迅速。

细胞全能性的含义：植物体任何一个有完整细胞核的活细胞都具有该植物的全套遗传基因和产生完整植株的潜在能力。

组织培养技术在农业生产上的应用主要体现于以下几个方面：快速繁殖优良苗木；获得脱病毒苗；育种上应用；工厂化育苗；获得次生代谢产物；种质资源保存。

组培实验室与管理

技能部分

技能一 组培实验室的识别

技能目标

1. 能够准确说出组织培养实验室的设计原则与总体要求、各分室的功能与具体设计要求。
2. 清楚植物组织培养实验室的仪器设备与器皿用具的配置与用途。

一、训练前准备

组织培养实验室，组织培养常用的仪器设备、器具和药品，笔记本，钢笔等。

二、方法步骤

（1）教师总体介绍后，学生带着问题分组参观并讨论实验室设计。

（2）教师与学生共同讨论实验室组成与规划设计问题。

三、注意事项

实训前实验员和指导教师必须做好充分的准备，明确组织培养实验室的规章制度及其特殊性，强调参观的纪律要求。

四、训练与考核建议

（1）分组分时间段交替训练，教师加强组织协调与指导。

（2）实训期间创设问题情境，调动学生的好奇心和学习积极性，并通过小组讨论促使学生自主生成新知识。

（3）从认知规律出发，建议本次实训安排在相关的理论教学之前进行。

（4）考核内容侧重组织培养实验（训）室的组成、功能与设计要求。考核方案见表1-1，组织培养实验室常用的仪器设备见表1-2，常用的玻璃器皿、器械用具见表1-3。

表1-1　技能考核方案

考核项目	考核标准	考核形式	满分
实训态度	遵守实验室规定和实训纪律要求（5分），认真听讲，积极思考（5分），具有合作意识（5分）	随机观察	15分
实验室组成与设计要求	能够准确说出实验室的设计原则（20分）、总体要求（15分）、基本组成（10分）以及各分室的功能与具体设计要求（10分）；熟悉组培实验室的特点（5分）	口试	60分
仪器设备与器械用具的识别	能够准确识别实验室的仪器设备与器械用具（10分），并说出各自用途（15分）	口试	25分

表1-2　组织培养实验室常用的仪器设备

设备类别	仪器设备名称
洗涤用设备	干燥箱、超声波清洗器、洗瓶机等
培养基配制用设备	普通冰箱、低温冰箱、电子天平（精确度0.0001g）、磁力搅拌器、酸度计、蒸馏水器、电炉、微波炉、电饭煲、培养基分装机、水浴锅等
灭菌用仪器设备	高压灭菌锅（有大型卧式、中型立式、小型手提式和电脑控制型）、液体过滤灭菌装置、干热消毒柜、烘箱、臭氧发生机、接种器具杀菌器、喷雾消毒器等
无菌接种用设备	超净工作台、接种箱、解剖镜、无菌接种器等
材料培养用设备	空调机、加湿器、除湿机、人工气候箱或光照培养箱、摇床、转床、振荡器、光照培养架、光照时控器、温度自动记录仪及最高最低温度记录仪、换气扇等
组织和细胞观察及生化鉴定用设备	普通显微镜、倒置显微镜、荧光显微镜、解剖镜及图像拍摄处理设备、低温冰箱、恒温箱、切片机、水浴锅、低速离心机、高速离心机、PCR仪、酶联免疫检测仪、电子天平、细胞计数器、分子成像仪、液相色谱仪、电激仪、毛细管电泳仪、计算机设备及软件等

表 1-3 组织培养实验室常用玻璃器皿、器械用具

类别	玻璃器皿、器械用具名称
洗涤用具	洗液缸、水槽、工作台、搁架、试管刷、晾干架、周转筐（塑料或铁制）、医用小平车等
培养基配制用具	试管（20mm×150mm，25mm×150mm，40mm×150mm）、培养瓶（50~500mL 三角瓶、50mL PC 塑料瓶或果酱瓶、300~400mL 罐头瓶）、试剂瓶（100mL、250mL、500mL、1000mL 的棕色或白色试剂瓶）、滴瓶、移液管（0.5mL、1mL、2mL、5mL、10mL）、吸管（14cm、18cm）、量筒（50mL、100mL、500mL、1000mL）、移液枪（25μL~10mL）、移液管架、容量瓶（100mL、250mL、500mL、1000mL）、注射器（25mL）、烧杯（100mL、150mL、250mL、500mL、1000mL 的玻璃或塑料刻度烧杯）、培养皿（ϕ6cm、ϕ9cm、ϕ12cm）、不锈钢锅或铝锅、玻璃棒、火柴、记号笔（特长 700）、标签纸、蒸馏水瓶（桶）、分液漏斗、尼龙绳、聚丙烯塑料封口膜、棉塞、牛皮纸、纱布、工作台、药品柜、周转筐、医用小平车等
接种与灭菌用具	酒精灯、喷壶、紫外光灯（40W）、医院用消毒盒、钻孔器（T 形）、普通剪刀、接种工具架、不锈钢筛网、接种针和接种钩、手术剪（12cm、15cm、18cm）、解剖刀（4 号刀柄，可更换 21~23 号解剖刀片）、铲状镊子（20~25cm）、钝头镊子（20~25cm）、尖头镊子（16~25cm）、枪形镊子（20~25cm）、培养皿（ϕ6cm、ϕ9cm、ϕ12cm）、实验服、口罩、实验帽、医用小平车等
培养用具	广口玻璃瓶、三角瓶、罐头瓶、果酱瓶、塑料瓶、培养皿、试管、新型组培专用容器、荧光灯等
组织、细胞观察及生化鉴定用具	各类载玻片、盖玻片、血球计数器、染色缸、滴瓶、玻璃瓶等
驯化移栽用具	移植床、营养钵、穴盘、塑料薄膜、栽培基质等

技能二
组培常用仪器设备的使用

技能目标

1. 清楚组织培养常用仪器设备的原理。
2. 熟练使用组织培养常用的仪器设备。

一、训练前准备

组织培养实验室，高压灭菌锅、超净工作台等常用仪器设备及相关试剂、用品等。

植物组织培养常用的玻璃器皿见图 1-3，常用的工具见图 1-4，设备列举见图 1-5。

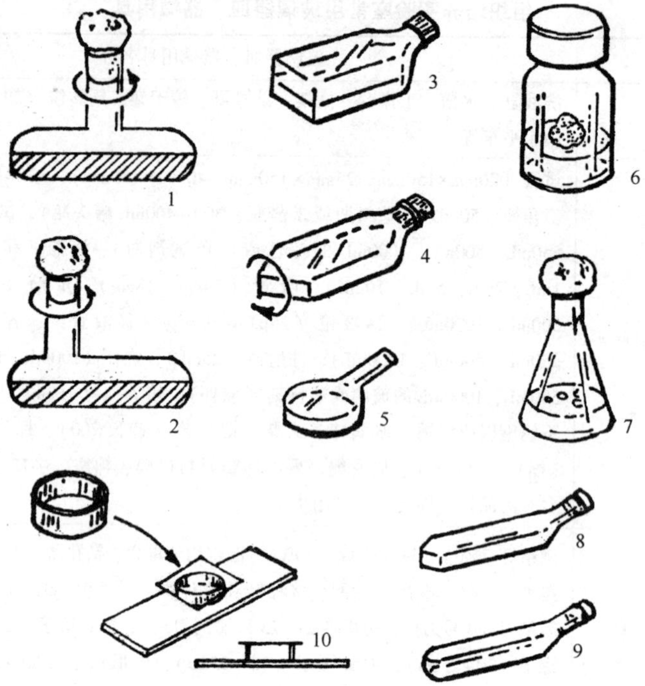

图 1-3　植物组织培养常用的玻璃器皿

（桂耀林等，1985）

1. T 形管　2. L 形管　3. 三角形培养瓶　4. 长方形扁瓶　5. 圆形扁瓶　6. 圆形培养瓶　7. 三角瓶　8. 平形有角试管　9. 平形无角试管　10. 细胞微室培养工具，玻璃杯及盖玻片、载玻片

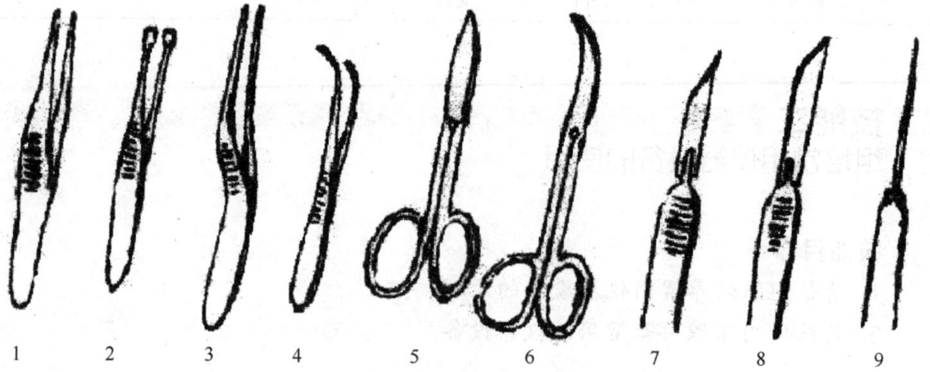

图 1-4　植物组织培养常用的工具

1. 尖头镊　2. 扁平镊　3. 枪形镊　4. 弯头镊　5. 直形剪　6. 弯头剪　7. 尖头解剖刀　8. 解剖刀　9. 解剖针

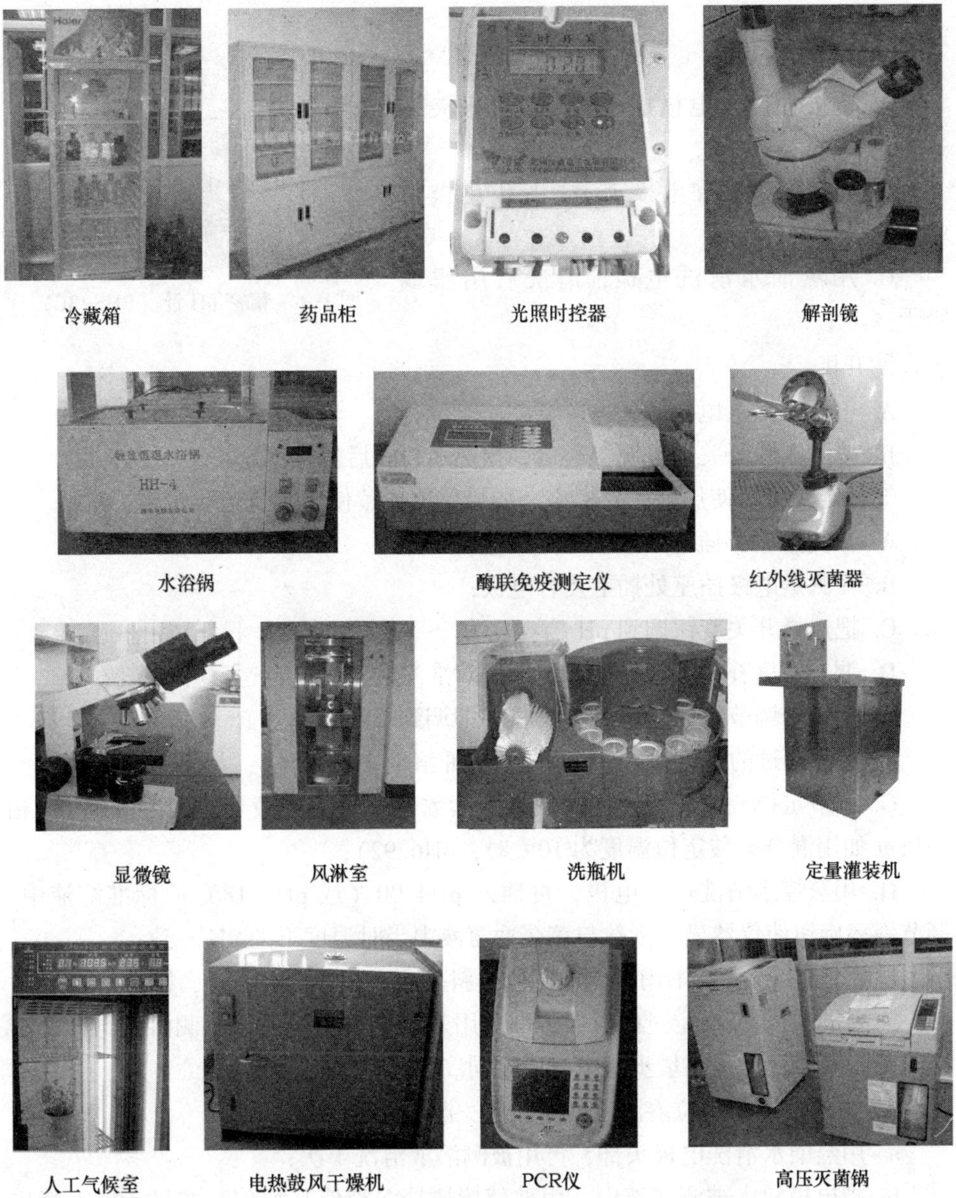

图 1-5 植物组织培养的设备列举

二、方法步骤

1. 精密 pH 计（PHS-3C 型）的使用

（1）构造与工作原理 精密 pH 计主要由控制与处理系统和电极两部分构成（图 1-6），在主体上有液晶显示屏和调节及控制按钮。

（2）操作步骤

①开机前准备：

A. 电极梗旋入电极插座，调节电极夹到适当位置；

B. 复合电极夹在电极夹上，拉下电极前端的电极套；

C. 用蒸馏水清洗电极，清洗后用滤纸吸干。

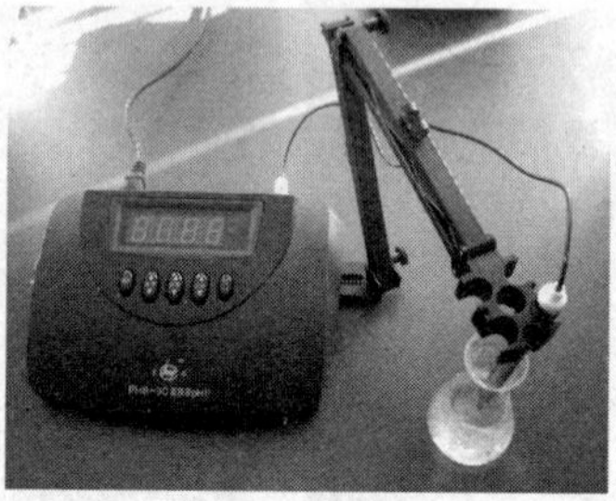

图 1-6 精密 pH 计（PHS-3C）

②开机：

A. 电源线插入电源插座；

B. 按下电源开关，电源接通后，预热 30min 后进行标定。

③标定：仪器使用前先要标定。如果仪器连续使用则每天要标定 1 次。

A. 在测量电极插座处拔去短路插座；

B. 在测量电极插座处插上复合电极；

C. 把选择开关旋钮调到 pH 挡；

D. 调节温度补偿旋钮，使旋钮白线对准溶液温度值；

E. 把斜率调节旋钮顺时针旋到底（即调到 100%位置）；

F. 把清洗过的电极插入 pH6. 86 的缓冲溶液中；

G. 调节定位调节旋钮，使仪器显示读数与该缓冲溶液当时温度下的 pH 相一致（如用混合磷酸定位温度为 10℃时，pH6. 92）；

H. 用蒸馏水清洗过的电极，再插入 pH4. 00（或 pH9. 18）的标准溶液中，调节斜率旋钮使仪器显示读数与该缓冲溶液中当时温度下的 pH 一致；

I. 重复 F~G 直至不用再调节定位或斜率两个调节旋钮为止，标定完成。

④测量 pH：经标定过的仪器，即可用来测定被测溶液。被测溶液与标定溶液温度相同与否，其测量步骤也有所不同。

A. 被测溶液与定位溶液温度相同时，测量步骤如下：

a. 用蒸馏水清洗电极头部，再用被测溶液清洗 1 次；

b. 把电极浸入被测溶液中，用玻璃棒搅拌溶液使其均匀，在显示屏上读出溶液的 pH。

B. 被测溶液和定位溶液温度不相同时，在电极清洗后，要用温度计测出被测溶液的温度值，调节温度调节旋钮，使白线对准被测溶液的温度值，然后再实际测定溶液的 pH。

2. 超净工作台的使用

（1）构造与工作原理　超净工作台（图 1-7）有水平风和垂直风、单人和双人之分，主要由三相电机、鼓风机、初过滤器和超过滤器、挡板、工作台面等几部分构成。通过电机带动，鼓风机将空气通过特制的微孔泡沫塑料片层叠合组成的超级滤清器后吹送出来，形成连续不断的无尘无菌的超净空气层流（除去了大于0.3μm的尘埃、真菌和幼苗孢子等），在工作台面制造无菌区，这足以防止附近空气可能袭扰而引起的污染，20~30m/min的风速也不会妨碍采用酒精灯对器械的灼烧灭菌。

图1-7　超净工作台

（2）操作步骤　①接通电源；②打开台内紫外灯杀菌30min；③30min后关闭紫外灯，打开风机20min；④打开照明灯，准备接种。

（3）超净工作台使用时的注意事项

①新安装的或长期未使用的超净工作台，使用前必须对其和周围环境使用超净真空吸尘器或不产生纤维的工具，认真进行清洁工作。

②工作台面上不要存放不必要的物品，以保持工作区内的洁净气流不受干扰。

③禁止在工作台面上记录，工作时应尽量避免做明显扰乱气流的动作。

④定期（一般为2个月）用热球式风速仪测量工作区风速，如发现不符合技术要求，则可调大风机的供电电压。

⑤在工作台右侧有5A外接电源插座，可供使用。

3. 便携式压力灭菌锅的使用

（1）构造与工作原理　便携式压力灭菌器由锅体、内锅、电热管、搁帘、锅盖、压力表、橡胶密封垫、放气阀、安全阀等构成（图1-8）。其工作原理是利用所产生的高压湿热水蒸气（温度为121~123℃，压力为0.10~0.15MPa）来达到杀灭细菌和真菌的目的。

图1-8　便携式压力灭菌锅

（2）操作步骤

①加水装锅：打开锅盖，加入清水，至超过锅底搁帘1cm左右，然后放上内锅，装入灭菌物品，盖上锅盖，对角线拧紧螺栓。

②通电升压并排放冷空气：接通电源，使灭菌器开始工作。当压力为0.05MPa时，打开放气阀，排放冷空气，待指针回零后（根据具体情况，可反复2~3次排放冷空

气），关闭放气阀，使灭菌器升压。

③保压：当压力达到 0.10MPa 时，开始计时，使锅内蒸汽压力保持在 0.10~0.15MPa 的范围，维持 15~30min 的灭菌时间。

④降压排汽：灭菌结束后断开电源，让锅内压力自然下降。当指针归零后打开放气阀，排放余汽。

⑤出锅冷却：当压力表指针为零时，打开放气阀，手戴隔热手套，开锅取灭菌物品，用周转筐运至接种室或冷却室，灭菌培养基需冷却凝固后方可使用。

（3）使用和维护时的注意事项

①装锅时，不要装得太满，并且严禁堵塞安全阀的出气孔，必须留出空位保证其空气畅通。

②灭菌液体时，应采用耐热玻璃瓶灌装，并且液体以不超过 3/4 体积为好，切勿使用未打孔的橡胶或软木塞。

③长期使用压力锅，若压力表的指示不正确或不能回复零位，应及时检修。平时注意定期与标准压力表相对照，若不正常，应换上新表。

④平时应将设备保持清洁和干燥，方可延长使用年限，橡胶密封垫使用日久会老化，应定期更换。

⑤安全阀应定期检查其可靠性，工作压力超过 0.165MPa 时需要更换合格的安全阀。

4. HZS-H 超级恒温水浴振荡器的使用

（1）构造与工作原理　恒温水浴振荡器主要由水浴槽和控制面板两部分构成（图 1-9）。水浴槽上有密封盖，槽内装水；控制面板可设定温度和转速，根据培养材料的不同，设定相应的水温和转速，从而实现离体材料的液体培养。

（2）操作步骤

①加水：检查仪器背面的放水胶堵是否安好，在水箱内加不少于 20L 的蒸馏水。

②接通电源：将三芯插头插入电源插座，并将机器背面的“断路器”置“通”的位置。

③开启右下角“加热”开关，此时仪表应能显示出箱内的温度值。

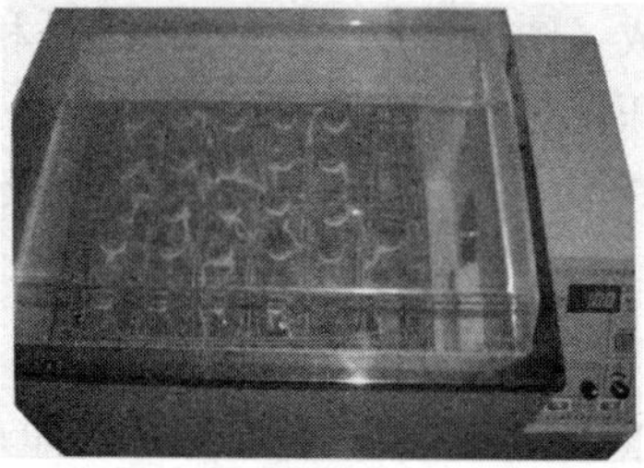

图 1-9　恒温水浴振荡器

④温度设定：按“参数选择”键至仪表显示设定值（表盘右侧“设定”处发光管亮）时，用螺丝刀调节“温度设定”钮至所需的温度，设定过程即告结束，仪器开始升温。

⑤振荡调节：将“速度调节”钮扭至最小位置，开启右下角旋转开关，仪

器开始振荡。按下“参数选择”键至仪表显示“转速”（表盘上“转速”发光管亮）时，调节“速度调节”钮，使仪器达到所需要的转速。

⑥仪表参数显示的顺序是：每按一次“参数选择”键，仪表按“温度—转速—设定—温度”的顺序周而复始地变化。不论仪表显示哪一个参数，控温的调节系统都在正常运行。

（3）设备使用与维护时的注意事项

①本仪器应使用蒸馏水，长期不用时应将水放掉。水箱内如使用自来水，则要经常清洁箱内的水垢。

②本仪器表面应经常擦拭，以保持清洁。操作时应避开仪表控制箱的侧面，以免将水滴入机内，损坏设备。

③仪器必须先加水后通电。

④开机时“速度调节”钮应调至最小位置。

⑤箱内要及时补充水量，以免烧干损坏设备。

5. 电子分析天平的使用

（1）构造　电子分析天平（图 1-10）主要由天平机体、称重舱、天平盘、键板（包括 4 个键）、液晶显示屏等构成。

（2）操作步骤

①调平：天平放稳后，转动脚螺旋，使水平气泡在水平指示的红环内。

②自检：在空载下，天平内部进行自检，显示屏上相继显示 CHE3→0，CAL4→0，CAL，END，CAL，OFF。

③全显示：按“ON/OFF”键，液晶屏进入全显示态。

④这时再按“ON/OFF”键，液晶屏进入预热状态，有绿色指示灯显示。平时可放置在这个状态。当再启动“ON/OFF”键，又进入全显示状态。

图 1-10　电子分析天平

⑤清零：按 Tare 键，液晶屏显示“0”进入待测状态。

⑥去皮重清零：将硫酸纸放在天平盘上，再按 Tare 键清零，液晶屏再显示“0”状态。

⑦称样品：将药品放在硫酸纸上，至液晶屏左侧稳定标志“→”出现，读数即为样品重量。重量单位为克（g），如 1.234 即为 1.234g。

（3）设备使用与维护时的注意事项

①天平为精密仪器，使用时双手、样品、容器及硫酸纸一定要洁净干燥，切勿将药品直接放到天平盘上。

②不要把水、金属弄到天平盘上。

③天平严禁靠近磁性物体。

④天平使用时，不要撞击天平所在桌面，要关上附近的窗户，以防气流影响称重。

⑤天平必须进入预热态方可断电。

三、注意事项

（1）消除仪器设备的安全隐患，培养学生的安全意识，要求学生正确操作和安全使用仪器设备。

（2）受实验室空间、仪器设备台数和教学时间的限制，应分组交替训练。

四、训练与考核建议

（1）教师集中介绍仪器设备的构造、原理、使用方法及注意事项后，学生分组交替练习，教师加强组织与协调。

（2）技能训练侧重仪器设备和器械用具的使用。

（3）考核旨在提高组培常用仪器设备的熟练使用程度，为后续的组培操作奠定基础。考核重点侧重操作的规范性和熟练程度。考核方案见表 1-4。

表 1-4　技能考核方案

考核项目	考核标准	考核形式	满分
实训态度	遵章守时，服从安排（4 分），认真听讲，积极思考（5 分），有大局意识和合作意识（6 分）	随机观察	15 分
仪器设备的构造与原理	比较全面、准确地说出或指出仪器设备的构造（10 分）；清楚仪器设备的工作原理（10 分）	口试	20 分
仪器设备的使用	操作规范、准确（20 分）、熟练（25 分），上下工序环节衔接紧凑、顺畅（20 分）	操作	65 分

思考与练习

1. 什么是广义的植物组织培养？什么是狭义的植物组织培养？
2. 什么是外植体？
3. 按照外植体的不同，植物组织培养可以分成几类？比较常用的是哪些？
4. 植物组织培养有哪些特点？
5. 你认为植物组织培养技术在当前的农业生产上有什么价值？为什么？

项目二
培养基配制

知识目标

1. 理解培养基的种类成分、特点与配制目的。
2. 会进行培养基的筛选。

能力和技能目标

1. 能够科学合理筛选和优化培养基。
2. 能配制母液和各种成分的培养基。

思政育人目标

培养规范操作的职业意识和精神。

警钟长鸣

实验安全无小事

实验室内存放有诸多易燃易爆品、剧毒药品、放射性物品等。因此，对于实验室安全应当予以一定的重视。

2022年11月26日深夜，南京农业大学保卫处公众号“平安南农”发布《火情情况通报》：11月26日19：45左右，南京农业大学卫岗校区生科楼实验室发生一起火情，19：55左右119消防人员到达现场，随即火情被扑灭，没有发生人员伤亡。此类实验室安全事故频发，提醒每一位实验人员要增强安全意识。

浙江大学实验室与设备管理处的“实验室意外事故应急处理方法”，可供参考。

意外事故一：火灾

实验室中一旦发生火灾切不可惊慌失措，要保持镇静，根据具体情况正确地进行灭火或立即联系中控室；火情较大请报火警。

处理方法：

1. 容器中的易燃物着火时，用玻璃纤维布、灭火毯盖灭。

2. 乙醇、丙酮等可溶于水的有机溶剂着火时，可以用水灭火。汽油、乙醚、甲苯等有机溶剂着火时不能用水，只能用灭火毯和砂土盖灭。

3. 导线、电器和仪器着火时不能用水和二氧化碳灭火器灭火，应先切断电源，然后用灭火器灭火。

4. 个人衣服着火时，切勿慌张奔跑，以免风助火势，应迅速脱衣，用水龙头浇水灭火，火势过大时可就地卧倒打滚压灭火焰。

意外事故二：爆炸

实验室防止爆炸事故是极为重要的，因为一旦爆炸，其毁坏力极大，后果将十分严重。

常见的引起爆炸事故的原因有：

1. 随意混合化学药品，并使其受热、受摩擦和撞击。

2. 在密闭的体系中进行蒸馏、回流等加热操作。

3. 易燃易爆气体大量逸入室内。

4. 在加压或减压实验中使用了不耐压的玻璃仪器，或反应过于激烈而失去控制。

5. 高压气瓶减压阀摔坏或失灵。

处理方法：

1. 将上述易爆药品集中管控，专人管理，采用使用登记制度。

2. 科学设计实验环境，保证实验环境通风、室温恒定。

3. 固定时间检测实验仪器，仪器部件防坏防漏。

4. 养成安全操作习惯。

预防为主，一旦遇爆炸烟雾，用湿布捂住口鼻，弯腰从逃生通道有序离开。

意外事故三：中毒

生化实验室常见的化学致癌物有：石棉、砷化物、铬酸盐、溴乙啶等。剧毒物有：氰化物、砷化物、乙腈、甲醇、氯化氢、汞及其化合物等。中毒的原因主要是不慎吸入、误食或由皮肤渗入。

中毒急救的方法主要有：

1. 误食了酸或碱，不要催吐，可先立即大量饮水，误食碱者再喝些牛奶，误食酸者，饮水后服 $Mg(OH)_2$ 乳剂，最后饮些牛奶。

2. 吸入了毒气，立即转移至室外，解开衣领，休克者应施以人工呼吸，但不要用口对口法。

3. 砷和汞中毒者应立即送医院急救。

意外事故四：外伤

1. 化学灼伤

（1）眼睛灼伤或掉进异物　眼内溅入任何化学药品，应立即用大量水冲洗15min，不可用稀酸或稀碱冲洗。若有玻璃碎片进入眼内则十分危险，必须十分小心谨慎，不可自取，不可转动眼球，可任其流泪，若碎片不出来，则用纱布轻轻包住眼睛急送医院处理。

（2）皮肤灼伤

酸灼伤：先用大量水洗，再用稀 $NaHCO_3$ 或稀氨水浸洗，最后再用水洗。

碱灼伤：先用大量水冲洗，再用1%硼酸或2%醋酸浸洗，最后再用水洗。

溴灼伤：这很危险，伤口不易愈合，一旦灼伤，立即用20%硫代硫酸钠溶液冲洗，再用大量水冲洗，包上消毒纱布后就医。

2. 烫伤

使用火焰、蒸汽、红热的玻璃和金属时易发生烫伤，应立即用大量水冲洗和浸泡，若起水泡不可挑破，包上纱布后就医，轻度烫伤可涂抹鱼肝油和烫伤膏等。

3. 割伤

实验室应准备一个完备的小药箱，专供急救时使用。嘉峪检测网提醒，药箱内备有：医用酒精、红药水、紫药水、止血粉、创可贴、烫伤油膏（或万花油）、鱼肝油、1%硼酸溶液或2%醋酸溶液、1%碳酸氢钠溶液、20%硫代硫酸钠溶液、医用镊子和剪刀、纱布、药棉、棉签、绷带等。

意外事故五：触电

生物化学实验室要使用大量的仪器，因此每位实验人员都必须能熟练地安全用电，避免发生一切用电事故。

处理方法：

1. 防止触电

（1）不能用湿手接触电器。

（2）电源裸露部分都应绝缘。

（3）坏的接头、插头、插座和不良导线应及时更换。

（4）先接好线路再插接电源，反之先关电源再拆线路。

（5）仪器使用前要先检查外壳是否带电。

（6）如遇有人触电，要先切断电源再救人。

2. 防止电器着火

（1）保险丝、电源线的截面积、插头和插座都要与使用的额定电流相匹配。

（2）三条相线要平均用电。

（3）生锈的电器、接触不良的导线接头要及时处理。

(4) 电炉、烘箱等电热设备不可过夜使用。
(5) 仪器长时间不用，要拔下插头，并及时拉闸。
(6) 电器、电线着火时，不可用泡沫灭火器灭火。

理论部分

单元一 培养基的种类和成分

一、培养基的种类

植物组织培养是否成功，在很大程度上取决于对培养基的选择。培养基的种类很多，配方各异，需根据不同的植物和培养部位及不同的培养目的加以选择。1937 年，White 建立了第一个植物组织培养基，以后根据不同目的进行改良产生了多种培养基。目前国际上流行的培养基有几十种，主要有 MS、B_5、White、N_6、Heller、Nitsh、SH、Miller 等。培养基很多是以发明人的名字来命名，如 White 培养基，Murashige 和 Skoog 培养基（简称 MS 培养基）。常见培养基营养成分见表 2-1，也可以对某些成分进行改良称作改良培养基。常用的培养基及特点如下：

培养基的配制

表 2-1　几种常用培养基配方

化合物名称	不同类型培养基中各试剂含量/（mg/L）						
	MS	White	B_5	WPM	N_6	Knudson C	Nitsch
NH_4NO_3	1650						720
KNO_3	1900	80	2527.5	400			950
$(NH_4)_2SO_4$			134		2830	500	
$NaNO_3$					463		
KCl		65					
$CaCl_2 \cdot 2H_2O$	440		150	96	166		166
$Ca(NO_3)_2 \cdot 4H_2O$		300		556		1000	
$MgSO_4 \cdot 7H_2O$	370	720	246.5	370	185	250	185
K_2SO_4				900			
Na_2SO_4		200					

续表

化合物名称	不同类型培养基中各试剂含量/（mg/L）						
	MS	White	B_5	WPM	N_6	Knudson C	Nitsch
KH_2PO_4	170			170	400	250	68
$FeSO_4 \cdot 7H_2O$	27.8			27.8	27.8	25	27.85
Na_2EDTA	37.3			37.3	37.3		37.75
$Na_2FeEDTA$			28				
$Fe_2(SO_4)_3$		2.5					
$MnSO_4 \cdot H_2O$				22.3			
$MnSO_4 \cdot 4H_2O$	22.3	7	10		4.4	7.5	25
$ZnSO_4 \cdot 7H_2O$	8.6	3	2	8.6	1.5		10
$CoCl_2 \cdot 6H_2O$	0.025		0.025				0.025
$CuSO_4 \cdot 5H_2O$	0.025	0.03	0.025	0.025			
MoO_3							0.25
$Na_2MoO_4 \cdot 2H_2O$			0.25	0.25			
KI	0.83	0.75	0.75		0.8		10
H_3BO_3	6.2	1.5	3	6.2	1.6		
$NaH_2PO_4 \cdot H_2O$		16.5	150				
烟酸	0.5	0.5	1	0.5	0.5		
盐酸吡哆醇	0.5	0.1	1	0.5	0.5		
盐酸硫胺素	0.1	0.1	10	0.5	1		
肌醇	100		100	100			100
甘氨酸	2	3		2	2		
pH	5.8	5.6	5.5	5.8	5.8	5.8	6.0

（1）MS 培养基　MS 培养基是目前应用最多、最普遍的培养基，是 1962 年由 Murashige 和 Skoog 为培养烟草细胞而设计的，特点是硝酸盐、钾和铵的含量高，为较稳定的平衡溶液，并且因为离子浓度高，在配制、贮存、消毒过程中，即使有些成分略有出入，也不致影响培养基中的离子平衡。其养分的数量和比例较合适，可满足植物的营养和生理需要，对保证组织生长所需的矿物质营养和加速愈伤组织的生长十分有利。MS 培养基广泛用于愈伤组织诱导及植物的器官、花药、细胞和原生质体培养，效果良好。

（2）B_5 培养基　是 1968 年由 Gamborg 等为培养大豆根细胞而设计的。主要特点是含有较低的铵、较高的硝酸盐和盐酸硫胺素。铵可能对不少培养物的生长有抑制作用。试验发现，有些植物的愈伤组织和悬浮培养物在 MS 培养基上生长得比 B_5 培养基上要好，而另一些植物，如双子叶植物特别是木本植物，在 B_5 培养基上更适宜。

(3) White培养基　是1943年由White为培养番茄根尖而设计的。其特点是无机盐含量较低，适于生根培养，对胚胎培养和一般组织培养也有很好的效果。1963年做了改良，称做White改良培养基，提高了$MgSO_4$的浓度和增加了硼素含量。

(4) N_6培养基　是1974年朱至清等为水稻等禾谷类作物花药培养而设计的。其特点是成分较简单，KNO_3和$(NH_4)_2SO_4$含量高，不含钼，特别适合于禾谷类植物及其他植物的花药和花粉培养，在国内外得到广泛应用。

二、培养基的成分

培养基的成分主要包括水、无机元素、有机化合物、植物生长调节剂、培养材料的支持物。根据培养材料的不同，有时培养基中需添加抗生物质、抗氧化物、活性炭等。

1. 水

水是植物体的重要组成成分，是代谢过程的反应物质，也是各种生理生化反应和运输物质的介质，是生命活动过程中必不可缺的物质。培养基母液配制时要用蒸馏水，以保证母液及培养基成分的精确性，防止储藏过程中发霉变质。在大规模工厂化生产时，为了降低生产成本，也可用自来水代替蒸馏水。如自来水中含有大量的钙、镁、氯和其他离子，最好将自来水煮沸，经过冷却沉淀后再使用。但在少量研究上尽量用蒸馏水，以防成分的变化引起不良效果。

2. 无机元素

根据植物生长对必需无机营养元素的需求量，将其分为大量元素和微量元素两类。需要量大于0.5mmol/L浓度的元素称为大量元素，小于0.5mmol/L的称为微量元素。

(1) 大量元素　包括氮（N）、磷（P）、钾（K）、钙（Ca）、镁（Mg）、硫（S）。

①氮：氮被称为生命元素，是蛋白质、核酸、磷脂的主要成分，也是叶绿素、维生素和某些植物激素的组成成分。缺氮时，植株生长矮小，枝叶变黄；氮过量，植株徒长。在培养基中以硝态氮和铵态氮两种形式供应，常用的含氮物质主要有KNO_3、NH_4NO_3、$(NH_4)_2SO_4$等。大多数培养基既含有硝态氮又有铵态氮，以调节培养基离子平衡。有时，也添加氨基酸来补充氮素。

②磷：磷是磷脂、核酸和核蛋白的主要成分，与蛋白质合成和细胞生长密切相关。磷也是ATP、ADP等的组成成分。磷参与碳水化合物的代谢和运输，影响植物光合作用和呼吸作用过程。缺磷会影响细胞分裂，幼芽、幼叶生长停滞，叶片呈现不正常的暗绿色或紫红色。在植物组织培养过程中，向培养基内

添加磷，不仅可增加养分、提供能量，而且也促进氮的吸收，增加蛋白质在植物体中的积累。常用的含磷化合物有 KH_2PO_4、NaH_2PO_4 等。

③钾：钾在碳水化合物代谢、呼吸作用及蛋白质代谢中起重要作用。其可以提高光合作用的强度，促进植物体内淀粉和糖的形成，还能提高植物对氮的吸收利用。缺钾时，叶片变黄，叶缘焦枯，叶片形成杯状弯曲或皱缩。常用的含钾化合物有 KCl、KNO_3、KH_2PO_4 等。

④钙：钙是植物细胞壁的成分，对细胞分裂和稳定膜结构具有重要作用。缺钙首先表现在幼茎、幼叶上，叶尖往往出现弯钩状。常用 $CaCl_2 \cdot 2H_2O$。

⑤镁和硫：镁是叶绿素的组成成分，又是酶的活化剂，与光合作用、碳水化合物的转化及氮的代谢有关。缺镁时叶片贫绿而叶脉仍保持绿色。硫是含硫氨基酸的组成成分，以 SO_4^{2-} 形式被植物吸收。常以 $MgSO_4$ 来提供。

（2）微量元素　其主要包括铁（Fe）、硼（B）、锰（Mn）、锌（Zn）、铜（Cu）、钼（Mo）、氯（Cl）等，也是植物组织培养中不可缺少的必需元素。缺少时植物不能正常生长，逾量亦对植物有害。

铁是叶绿素合成所必需，参与植物呼吸作用，并与核酸、蛋白质代谢有关。培养基中的铁对胚的形成、芽的分化和幼苗转绿有促进作用；硼促进植物体内碳水化合物的运输和代谢，促进细胞伸长和细胞分裂；锰直接参与光合作用，促进幼苗生长；锌参与生长素的代谢，促进蛋白质代谢和生长器官发育；铜参与植物体内氧化还原反应，构成铜蛋白并参与光合作用，有促进离体根生长的作用；钼的营养作用突出表现在氮素代谢方面，同时也可促进植物体内有机含磷化合物的合成。

当某种微量元素供应不足时，植物表现出相应的缺素症状。如缺铁时，幼芽幼叶缺绿变黄，甚至变为黄白色；缺硼，根尖、茎尖生长点停止生长，侧根侧芽大量发生；缺锰，叶脉间失绿褪色；缺锌，叶片发黄，或出现白斑，叶子小；缺铜，叶片呈蓝绿色，幼叶缺绿；缺钼时，叶脉间失绿，有坏死斑，叶缘焦枯，向内蜷曲。

3. 有机化合物

（1）碳水化合物　植物组织培养过程中的外植体光合作用较弱，需要在培养基中添加碳水化合物补充碳源和能源。培养基中常用的碳水化合物主要是蔗糖、葡萄糖和果糖，麦芽糖、半乳糖、甘露糖和乳糖也有应用。除作为培养基内的碳源和能源外，碳水化合物对维持培养基的渗透压也起重要作用。

植物组织培养最适合的碳源是蔗糖。葡萄糖同样有利于植物组织生长，而果糖产生的效力较低。蔗糖使用浓度在1%~5%，其中以3%最为常用，即配制1L 培养基称取 30g 蔗糖。培养基高压灭菌时，蔗糖水解成葡萄糖和果糖，有利于细胞生长和分化。在大规模生产中，因蔗糖价格高，为降低生产成本，常用食用绵白糖或白砂糖代替蔗糖，其浓度和使用可行性需要做小规模的生产性实验。

（2）维生素　植物合成的内源维生素，在各种代谢过程中起着催化剂的作用，促进生长和分化。当植物细胞和组织离体生长时也能合成一些必需的维生素，但不能达到植物生长的最佳需要量。因此，必须在培养基中添加必需的维生素，使植物组织健壮生长。常用的维生素有盐酸硫胺素（维生素 B_1）、盐酸吡哆醇（维生素 B_6）、烟酸（维生素 B_3）、维生素 C（抗坏血酸）、生物素、泛酸等，一般用量为 0.1~1.0mg/L。维生素 B_1 对愈伤组织的产生和生活力有重要作用，维生素 B_6 能促进根的生长，维生素 B_3 与植物代谢和胚的发育有关系，维生素 C 有防止组织褐变的作用。

（3）氨基酸　氨基酸是蛋白质的组成成分，也是很好的有机氮源，可直接被细胞吸收利用。常用的氨基酸有甘氨酸、谷氨酸、精氨酸、半胱氨酸、天冬氨酸、天冬酰胺、丙氨酸以及多种氨基酸的混合物，如水解酪蛋白（CH）、水解乳蛋白（LH）等。其中，水解乳蛋白或水解酪蛋白，是牛乳用酶法等加工的水解产物，为含有约 20 种氨基酸的混合物，用量在 10~1000mg/L。氨基酸类物质不仅为培养物提供有机氮源，同时也对外植体的生长以及不定芽、不定胚的分化起促进作用。

（4）肌醇　又叫环己六醇，通常可由磷酸葡萄糖转化而成，还可进一步生成果胶物质，用于构建细胞壁。肌醇能促进愈伤组织的生长以及胚状体和芽的形成，对组织和细胞的繁殖、分化有促进作用，在糖类的相互转化中起重要作用，使用浓度一般为 100mg/L。

（5）天然复合物　天然复合物成分比较复杂，大多含氨基酸、激素、酶等化合物，对细胞和组织的增殖与分化有明显的促进作用，但对器官的分化作用不明显。常用的天然复合物有椰乳、香蕉泥、马铃薯汁、酵母提取液等。

①椰乳：是椰子的液体胚乳。它是使用最多、效果最好的一种天然复合物，一般使用浓度在 10%~20%，对愈伤组织和细胞培养有促进作用。椰乳在马铃薯茎尖分生组织和草莓微茎尖培养中起明显的促进作用，但茎尖组织的大小若超过 1mm 时，椰乳就不发生作用。

②香蕉泥：用黄熟的小香蕉，加入培养基后变为紫色。香蕉泥对 pH 的缓冲作用大，主要在兰花的组织培养中应用，对发育有促进作用，用量为 150~200mL/L。

③马铃薯汁：将马铃薯去皮，加水煮 30min，再经过过滤，取其滤液使用。添加马铃薯汁有利于壮苗的形成。用量为 150~200g/L。

④酵母提取液：0.01%~0.05%的主要成分为氨基酸和维生素类；有时也用麦芽提取液（0.01%~0.5%）、番茄汁、黄瓜汁、未熟玉米的胚乳等。

由于天然复合物成分复杂，有效成分因果实品种、成熟度及产地不同而有很大变化，试验重复性低，大多在培养困难时使用，有时有效。

4. 植物生长调节剂

植物激素是植物体内合成的，对植物生长发育起到显著调节作用的微量生理活性物质，影响植物的细胞分化、分裂、发育，以及植物的形态建成、开花、结实、脱落、衰老和休眠等生理活动。在植物组织培养过程中，由于外植体处于离体培养状态，内源激素难以保证其正常生长分化，要在培养基中添加植物生长调节剂以达到培养之需。在培养基的各成分中，植物生长调节剂是培养基的关键物质，是人工调控组织培养的“魔术棒”，在组织培养中具有无可动摇的核心地位，对植物组织培养起着决定性作用。植物生长调节剂的种类、浓度以及配比都会显著地影响愈伤组织的形成、不定根、不定芽的分化、胚状体的形成等。

通常，不同植物或不同品种，甚至同一植物的不同位置及不同培养阶段和培养目的，对植物生长调节剂的要求有很大的变化。根据不同培养材料和培养目的，通过试验确定植物生长调节剂的种类、浓度和配比是植物组织培养的关键所在。组织培养中使用的植物生长调节剂主要包括生长素类、细胞分裂素类、赤霉素和脱落酸等。

（1）生长素类　在组织培养中，生长素主要的作用表现在诱导愈伤组织形成，促进细胞脱分化；促进细胞分裂和伸长生长；诱导根的分化；二氯苯氧乙酸（2,4-D）可以诱导某些植物不定胚的形成。常用的生长素有吲哚乙酸（IAA）、吲哚丁酸（IBA）、萘乙酸（NAA）、二氯苯氧乙酸（2,4-D）、萘氧乙酸（NOA）和对氯苯氧乙酸（PCPA）等。一般生长素浓度的使用为0.05～5mg/L。

IAA是天然存在的生长素，可人工合成，其活力较低，是生长素中活力最弱的，对器官形成的副作用小，高温灭菌会受到破坏，且见光易分解，应置于棕色瓶中保存。NAA为人工合成的植物生长调节剂，耐高温高压，不易被分解破坏，应用较普遍。IAA、NAA和IBA广泛用于生根，并与细胞分裂素互作促进不定芽的增殖和生长。2,4-D在促进愈伤组织的形成上活力最高，但它强烈抑制不定芽和不定根的形成，影响器官的发育。2,4-D适宜的用量范围较狭窄，过量产生毒害效应。

（2）细胞分裂素类　在组织培养中，细胞分裂素主要促进细胞分裂与扩大；诱导芽的分化，促进侧芽萌发生长；抑制根的分化。同时其具有抑制顶端优势、促进茎的增殖、延缓离体组织或器官的衰老的作用。细胞分裂素多用于诱导不定芽的分化和茎、苗的增殖，避免在生根时应用。一般细胞分裂素的使用浓度为0.05～10mg/L。

细胞分裂素是腺嘌呤的衍生物。常用的细胞分裂素有6-苄氨基嘌呤（6-BA）、激动素（KT）、玉米素（ZT）、2-异戊烯腺嘌呤（2-IP）、噻苯隆（TDZ）、氯苯脲（CPPU）等。

其中ZT活性最强，但价格昂贵，高温灭菌易受到破坏，需采用过滤灭菌方法，应用较少。6-BA和KT性质稳定，可高温高压灭菌，且价格相对便宜，在生产和科研中广泛使用。

在植物组织培养中，生长素与细胞分裂素的协同调控作用决定着器官发育的方向，细胞分裂素/生长素比值低时，有利于诱导植物组织脱分化和根原基的形成；细胞分裂素/生长素比值高时，有利于诱导植物组织再分化和芽原基的形成。

（3）赤霉素和脱落酸　赤霉素种类很多，组织培养中使用的只有一种，即赤霉酸（GA_3）。赤霉素主要用于促进幼苗、茎的伸长生长，促进不定胚发育成小植株；赤霉素和生长素协同作用，对形成层的分化有影响，当生长素/赤霉素比值高时有利于木质部分化，比值低时有利于韧皮部分化。赤霉素还用于打破休眠，促进种子、块茎、鳞茎等提前萌发。在器官形成后，添加赤霉素可促进器官或胚状体的生长。在组织培养中与生长素和细胞分裂素相比，赤霉素不太常用，因其高温易分解，最好现配现用，过滤灭菌后加入到培养基中。

根据植物种类不同，脱落酸在培养基中刺激或抑制愈伤组织生长。脱落酸还有抑制生长、促进休眠的作用，在植物种质资源超低温冷冻保存时，可以用来促使植物停止生长和抗寒力的形成，从而保证冷冻保存的顺利进行。

5. 培养材料的支持物

（1）琼脂　琼脂是一种由海藻中提取的高分子碳水化合物，其本身并不提供任何营养，在固体培养时作凝固剂使用。琼脂能溶解在90℃热水中，成为溶胶，冷却至40℃即凝固为固体状凝胶。琼脂的用量在6~10g/L，若浓度太高，培养基就会变得很硬，营养物质难以扩散到培养的组织中去。若浓度过低，凝固性不好。琼脂的凝固能力除与原料、厂家的加工方式有关外，还与高压灭菌时的温度、时间、pH等因素有关，长时间的高温会使其凝固能力下降，过酸过碱加之高温会使其发生水解，丧失凝固能力。时间过久，琼脂变褐，也会逐渐丧失凝固能力。

（2）卡拉胶　卡拉胶是从某些红藻类海草中提炼出来的亲水性胶体，在制作固体培养基时，其作用和使用方法与琼脂一样。卡拉胶价格比琼脂便宜，且透明度优于琼脂，凝固后基本为透明状，便于培养瓶内材料的观察和检查污染情况。但其凝固的强度不如琼脂，用量一般在7.5~10g/L。

（3）其他　玻璃纤维、滤纸桥等均可替代琼脂。其中，滤纸桥法在解决生根难的问题上经常采用。其方法是将一张较厚的滤纸折叠成M形，放入液体培养基中，再将培养材料放在M形的中间凹陷处，这样培养物可通过滤纸的虹吸作用不断从培养液中吸收营养和水分，又可保持有足够的氧气。

6. 抗生物质

添加抗生物质可防止菌类污染，减少培养中材料的损失。常用的抗生物质有青霉素、链霉素、庆大霉素等，用量在5~20mg/L。在材料的培养过程中，常因污染造成大量的材料浪费，采用适当的抗生素便可节约人力、物力和时间。抗生素各有其抑菌谱，要加以选择试用，也可两种抗生素混用。但是应当注意抗生素对某些植物组织的生长有抑制作用，使用时加以选择。大部分抗生素需要过滤除菌。

7. 抗氧化物

在切割外植体时，切口附近的细胞受到伤害，引起酚类化合物外溢。酚类在溢出过程中在多酚氧化酶的催化下，迅速氧化成褐色的醌类物质，从而引起材料的褐变，植物组织代谢紊乱，生长停滞，甚至衰老死亡。此外，由于组织的老化病变也会使多酚氧化酶激活而引起褐变。尤其是木本植物都含有较高的酚类化合物，褐变现象更为严重。抗酚类氧化常用的药剂有半胱氨酸及维生素C，可用50~200mg/L的浓度洗涤刚切割的外植体伤口表面，或过滤灭菌后加入固体培养基的表层。其他抗氧化剂有二硫苏糖醇、谷胱甘肽、硫乙醇及二乙基二硫氨基甲酸酯等。

8. 活性炭

活性炭加入培养基中的目的主要是利用其吸附能力，减少一些有害物质的影响，例如防止酚类物质污染而引起组织褐化死亡。如在茎尖初代培养，加入适量活性炭，可以吸附外植体产生的致死性褐化物，其效力优于维生素C和半胱氨酸，这在兰花组织培养中效果更明显。另外，活性炭使培养基变黑，有利于某些植物生根。但活性炭对物质吸附无选择性，既吸附有害物质，也吸附有利物质，因此使用时应慎重考虑。活性炭对形态发生和器官形成有良好的效应。在失去胚状体发生能力的胡萝卜悬浮培养细胞中加入1%~4%活性炭可使胚状体的发生能力得以恢复。

单元二 母液的配制和保存

一、配制母液的目的

在植物组织培养工作中，配制培养基是日常必做的工作。为简便起见，通常先配制一系列母液（欲配制液的浓缩液），即贮备液。母液根据化学性质分别配制。一般配成大量元素母液（浓缩 10 倍）、微量元素母液（浓缩 100 倍）、铁盐母液（浓缩 100 倍）和有机物母液（浓缩 50~100 倍）及激素类母液。配制母液不但节省配制时间，而且能够保证配制的准确性和配制时的快速移取，极大提高了工作效率。此外，也便于低温保藏。

配制时注意一些离子之间易发生沉淀，如 Ca^{2+} 和 SO_4^{2-}，Mg^{2+} 和 PO_4^{3-} 一起溶解后，会产生沉淀，一定要充分溶解再放入母液中。配制母液时要用蒸馏水或重蒸馏水。药品应选取等级较高的化学纯或分析纯。药品的称量及定容都要准确。各种药品先用蒸馏水分别溶解，然后依次混合。母液配好后放入冰箱内低温保存，用时再按比例稀释。

二、母液的配制流程

下面以 MS 培养基为例，概述其母液制备方法（表 2-2 或表 2-3）。

表 2-2　　MS 培养基母液的配制（一）

母液种类	成分	标准量/mg	扩大倍数	称取量/mg	母液体积/mL	用量/mL
大量元素母液	NH_4NO_3	1650	10	16500	1000	100
	KNO_3	1900		19000		
	$CaCl_2 \cdot 2H_2O$	440		4400		
	$MgSO_4 \cdot 7H_2O$	370		3700		
	KH_2PO_4	170		1700		
微量元素母液	$MnSO_4 \cdot H_2O$	22.3	100	2230	1000	10
	$ZnSO_4.7H_2O$	8.6		860		
	$CoCl_2 \cdot 6H_2O$	0.025		2.5		
	$CuSO_4 \cdot 5H_2O$	0.025		2.5		
	H_3BO_3	6.2		620		
	$Na_2MO_4 \cdot 2H_2O$	0.25		25		
	KI	0.83		83		
铁盐母液	$FeSO_4 \cdot 7H_2O$	27.8	100	2870	1000	10
	Na_2EDTA	37.3		3730		
有机物母液	烟酸	0.5	50	25	500	10
	盐酸吡哆醇	0.5		25		
	盐酸硫胺素	0.1		5		
	肌醇	100		5000		
	甘氨酸	2.0		100		

表 2-3 MS 培养基母液的配制（二）

母液种类	成分	标准量/mg	扩大倍数	称取量/g	母液体积/mL	用量/L
大量元素母液	NH_4NO_3	1650	50	82.5	1000	20
	KNO_3	1900		95		
	$MgSO_4 \cdot 7H_2O$	370		18.5		
	KH_2PO_4	170		8.5		
钙盐	$CaCl_2 \cdot 2H_2O$	440	50	22	1000	20
铁盐	$FeSO_4 \cdot 7H_2O$	27.8	100	2.78	1000	10
	Na_2EDTA	37.3		3.73		
微量元素	$MnSO_4 \cdot 4H_2O$	22.3	100	2.23	1000	10
	$ZnSO_4 \cdot 7H_2O$	8.6		0.86		
	$CoCl_2 \cdot 6H_2O$	0.025		0.0025		
	$CuSO_4 \cdot 5H_2O$	0.025		0.0025		
	$Na_2MoO_4 \cdot 2H_2O$	0.25		0.025		
	H_3BO_3	6.2		0.62		
	KI	0.83		0.083		
有机物	烟酸	0.5	200	0.1	1000	5
	盐酸吡哆醇	0.5		0.1		
	盐酸硫胺素	0.1		0.02		
	甘氨酸	2.0		0.4		
	肌醇	100	—	—	—	—

（1）大量元素母液　可配成 10 倍母液。用分析天平按表 2-2 所列称取量分别称取药品，分别加 100mL 左右蒸馏水溶解后，再用磁力搅拌器搅拌，促进溶解。注意 Ca^{2+} 和 PO_4^{3-} 易发生沉淀。然后倒入 1000mL 容量瓶中，再加水定容至刻度，即成为 10 倍母液。

（2）微量元素母液　可配成 100 倍母液。用分析天平按表 2-2 或表 2-3 准确称取药品后，分别溶解，混合后加水定容至 1000mL。

（3）铁盐母液　可配成 100 倍母液，按表 2-2 或表 2-3 称取药品，可加热溶解，混合后加水定容至 1000mL。

（4）有机物母液　可配成 200 倍母液。按表分别称取药品，溶解混合后加水定容至 500mL。

（5）激素母液的配制　每种激素必须单独配成母液，浓度根据实际需要一般配成0.1~1mg/mL。因为激素用量较少，一次可配成50mL或100mL。另外，多数激素难溶于水，要先溶于可溶物质，然后才能加水定容。它们的配法如下：IAA、IBA、GA先溶于少量的95%的酒精中，再加水定容到一定浓度；NAA可溶于热水或少量95%的酒精中，再加水定容到一定浓度；2,4-D可用少量NaOH溶解后，再加水定容到一定浓度。KT和BA先溶于少量1mol的HCl中再加水定容；玉米素先溶于少量95%的酒精中，再加热水到一定浓度。

配制好的母液瓶上应分别贴上标签，注明母液名称、配制倍数、日期、配制人员及配1L培养基时应移取的量。母液一般在冰箱中低温保存，储存时间不宜过长，尤其是有机物母液最好在一个月内用完。母液中若发现霉菌或沉淀，则不可再用。

单元三 培养基的配制

一、培养基的配制流程

以MS固体培养基的配制为例

1. 量取母液

将配制好的MS培养基母液从冰箱中取出，按顺序排列，并逐一检查是否有沉淀或变色，避免使用已失效的母液。取少量的蒸馏水加入烧杯中，将MS母液和生长调节剂母液按顺序和规定量，用量筒、移液管或微量移液器取出，依次放入烧杯中。

2. 溶化琼脂

用天平分别称取琼脂和蔗糖，放入1000mL的搪瓷杯中，再加入蒸馏水750mL，用电炉加热，边加热边用玻璃棒搅拌，直至琼脂全部溶化，液体呈半透明状为度。也可用微波炉加热使琼脂完全溶化。

3. 混合定容

将配好的混合母液加入到煮沸的琼脂中，最后加蒸馏水定容（初次定容用1L玻璃或塑料量筒，以后根据经验可以直接用搪瓷杯）至1000mL，搅拌均匀。

4. 调pH

培养基配好后，用1mol/L的KOH（NaOH）或HCl溶液调整pH。大多数植物培养基的pH一般在5.8~6.0范围内。pH的大小会影响琼脂的凝固能力，一般当pH大于6.5时，培养基将会变硬；低于5.0时，琼脂就不能很好地凝固。经高温高压灭菌后，培养基的pH会下降0.2~0.5，因此，培养基pH的调整可以适当调高。调pH时用滴管吸取KOH（NaOH）或HCl溶液，逐滴滴入培养基中，边滴边搅拌，并随时用精密的 pH 试纸（5.4~7.0）测培养基的 pH，一直到培养基的 pH 为 5.8~6.0 为止。

5. 分装

调整好的培养基应该趁热分装。100mL 的容器装入 30~40mL 培养基，即 1L 培养基约装 35 瓶左右。太多则浪费培养基，太少不易接种和影响生长。但要根据培养对象来决定。如果培养时间较长时，应适当多装培养基，生根等短期培养时，可适当少加培养基。分装时不要把培养基沾到瓶口和瓶壁上，以免日后污染。装后用封口材料封盖瓶口，最后在培养瓶外壁贴上标签，注明培养基种类，准备灭菌。

6. 灭菌

培养基采用高压蒸汽灭菌（湿热灭菌法）。将培养瓶置于金属筐中放入灭菌锅，并将其他需要灭菌的物品也一同放入，如装有蒸馏水的三角瓶、用牛皮纸包裹的培养皿、剪刀、解剖刀、镊子、滤纸等。待需要灭菌的物品码放完毕，盖上锅盖，接通电源加热灭菌。当锅内压力达到 0.10MPa，温度为 121℃时，维持 15~20min，即可达到灭菌的目的（若灭菌时间过长，会使培养基中的某些成分变性失效）。切断电源，让灭菌锅自然冷却。当压力表指针彻底回“0”后打开锅盖，取出培养基，放于平台上冷凝。灭菌好的培养基至少放置 24h 才能使用，但不要放置时间太长，最多不能超过 1 周。

二、培养基的筛选与选择

需要对某一植物进行离体培养时，为了能研制出一种适合的培养基，最好先由一种已被广泛使用的基本培养基（如 MS 培养基或 B_5 培养基）开始，通过一系列的实验，确定最佳培养基配方和最适培养条件。常用实验方法主要有单因子实验、多因子实验及广谱实验等。

1. 单因子实验

在单因子实验中，由于培养基中其他成分都维持在一般水平上，所以只变动一个因子，就可以找出这一因子对实验的影响和影响的程度。例如 MS 基本培养基的其他成分和用量都不变，只变动 NAA 用量对某一培养物生根的影响，这种只研究一个因素的实验就是单因子实验。生物学实验不同于物理学或化学实验，最显著的差别是在生物学实验中必需设置对照组与实验组，实验组可以有一组或几组，随实验的复杂性而设置，对照组也可能有一组以上。实验中要求对照组与实验组中的实验个体，即植物组织块或其他培养物，必须在遗传性、生理状态、培养条件等方面尽可能完全一致，以保证实验结果是来源于实验因子，而不是由于实验材料的不一致导致的。实验中各处理一般都要设有一定的重复，以取得可靠的实验结果。随实验规模和要求不同，大多每个项目要有 4~

10瓶，每瓶至少3块培养物或3丛小幼苗。

2. 多因子实验

对培养基中两个或两个以上因素进行研究的实验称为多因子实验，实验可采用完全实验方案，也可选用正交设计方案，完全实验方案具有均衡完全的特点，各个因子的每个水平都相互搭配，构成了所有可能的处理组合，如研究NAA和6-BA的最佳浓度组合，每个因子各设5个浓度水平（0，0.5，2.5，5，10mg/L），这两种因子各种浓度的所有组合，就构成了一个具有25项处理的实验。完全实验方案实验因子越多，处理数越多，实验越复杂，消耗的精力、物力越多。为了减少实验处理，但又能准确全面地获得实验信息，通常采用正交实验。例如，采用正交设计，在使用此表时就可以安排4个因子、3种水平的实验，一共做9种不同搭配的实验，其结果相当于做了27次种种搭配的实验。如王春彦等人采用4因子3水平9次实验的$L_9(3^4)$正交实验，一次性选择培养基、生长素、细胞分裂素、蔗糖等多因子及水平（表2-4），研究非洲菊稳定增殖的影响因子，然后查正交表组合因子及水平（表2-5）。

表2-4　$L_9(3^4)$ 正交实验设计

水平	培养基	6-BA/（mg/L）	NAA/（mg/L）	蔗糖/（g/L）
1	1/2MS	0.5	0.0	25
2	MS	1.0	0.1	35
3	1.5MS	2.0	0.2	45

表2-5　$L_9(3^4)$ 正交实验配方组合

处理	因素			
	培养基	6-BA/（mg/L）	NAA/（mg/L）	蔗糖/（g/L）
1	a（1.5MS）	a（0.5）	a（0.0）	a（25）
2	a（1.5MS）	b（1.0）	b（0.1）	b（35）
3	a（1.5MS）	c（2.0）	c（0.2）	c（45）
4	b（MS）	a（0.5）	b（0.1）	c（45）
5	b（MS）	b（1.0）	c（0.2）	a（25）
6	b（MS）	c（2.0）	a（0.0）	b（35）
7	c（1/2MS）	a（0.5）	c（0.2）	b（35）
8	c（1/2MS）	b（1.0）	a（0.0）	c（45）
9	c（1/2MS）	c（2.0）	b（0.1）	a（25）

正交实验虽然是多因素搭配在一起的实验，但是在实验结果的分析中，每一种因素所起的作用却又能够明白无误地表现出来。因此，一次系统的实验结果，就可以把问题分析得清清楚楚，用有限的时间取得成倍的收获。在组织培

养研究中，可用于同时探求培养基中适宜的几种成分的用量，如细胞分裂素、生长素、糖和其他成分的用量。

3. 逐步添加和逐步排除的实验方法

在实验研究过程中，在没有取得可靠的数据之前，往往添加各种有机营养成分，而在取得了稳定的再生之后，就可以逐步减少这些成分。在逐步添加时是使实验成功；在逐步减少时是缩小范围，以便找到最有影响力的因子，或是为了实用上的需要竭力使培养基简化，以降低成本和利于推广。在寻求最佳激素配比时，也经常用到这种加加减减的简单方法。

4. 广谱实验法

在广谱实验法中，把培养基中所有组分分为4大类：无机盐、有机营养物质（蔗糖、氨基酸和肌醇等）、生长素、细胞分裂素。对每一类物质选定低（L）、中（M）、和高（H）3个浓度。4类物质各3种浓度的自由组合即构成了一项包括81个处理的实验。在这81个处理中最好的一个可用4个字母表示。例如，一个包含中等浓度无机盐、低等浓度生长素、中等浓度细胞分裂素和高等浓度有机营养物质的处理即可表示为MLMH。达到这个阶段，再试用不同类型的生长素和细胞分裂素即可找到培养基的最佳配方。这是因为不同类型的生长素和细胞分裂素对不同植物的活性有所不同。

三、培养方案的制定

1. 资料的收集与分析

开展植物组织培养实验前，首先要查阅相关文献来了解培养对象的有关信息，并对收集到的资料进行整理和分析。如果某种植物的相关文献较少或根本查不到，则表明该种植物还不被人重视，或组培的难度很大。这时可以查阅与之相近的、同一属内其他种的植物组培文献，也可通过参观组培育苗工厂或研究机构，获取相关的技术信息。

2. 主要影响因子的选取

影响组织培养的因素很多，既有内因，也有外因。内因方面，主要包括植物生长、发育与繁殖的特点，一般植物都具有根蘖出芽（分株）、扦插生根等营养繁殖的能力，但不同植物的难易程度不同，对于植物组织培养的某个阶段，主要内因因素的选择可参考该种植物的植物学、栽培学和生理学等相关学科的知识内容，选定主要影响因素进行实验设计。外因方面，主要是影响该植物生长发育的条件，如营养、温度、光照和pH等，主要影响因素的选择可参考栽培学、土壤肥料学和营养学等相关知识。

植物组织培养研究的主要目的就是通过比较试验，筛选出不同植物组培所需的最佳外植体、培养方式和培养条件等因素。影响植物组织培养的主要因素包括以下内容：

（1）植物的种类和品种，外植体的类型、部位、采集时期及灭菌方法。

（2）基本培养基的种类或营养成分组成。

（3）植物生长调节剂的种类、浓度及配比。

（4）添加物的种类和浓度。

（5）糖的种类和含量。

（6）pH。

（7）温度、光照、湿度和通气等环境条件。

（8）固体培养或液态培养，静置培养或振荡培养。

（9）继代培养次数、季节影响以及其他人为因素等。

（10）炼苗移栽的基质配比、培养环境条件等。

3. 数据采集与结果分析

在植物组织培养的研究中，数据采集是实验研究的重要内容。可以根据实验材料、不同培养阶段的表现，对培养因素进行选择和评定，从而制定出最适的培养方案。

（1）初代培养阶段　主要记录萌发率、污染率、愈伤组织诱导率、芽分化率等。

（2）继代增殖阶段　主要记录增殖系数、苗高、苗粗、苗健壮度等。

（3）壮苗生根阶段　主要记录苗高、茎粗、叶片数、生根率、根长、根数量。

（4）炼苗移栽阶段　主要记录基质配比、移栽成活率。

对愈伤组织生长状况、苗健壮度等质量性状，可根据生长差异分良、中、差3级，或优、良、中、差、劣5级。也可记录为3、2、1，或5、4、3、2、1。特殊情况可用文字记入备注栏。一定要注意分级、编码，不能只记文字。

组培实验的结果分析，没有特殊要求，一般可直接比较大小、优劣；在差异不明显时，需要进行显著性检验。多因子实验需进行方差分析，以确定主要影响因子，具体方法可参考专门的实验统计书籍。

小结

培养基是植物组织培养的重要基质，筛选合适的培养基是植物组织培养极其重要的内容，是决定成败的关键因素之一。培养基的种类很多，广泛使用的有MS培养基，还有B_5、White培养基等，各培养基配方各异，需根据不同的植物和培养部位及不同的培养目的加以选择。

植物组织生长对营养的要求因植物种类、外植体、培养方式等的不同而异。一个完整的培养基成分应包括水、无机元素、有机化合物、植物生长调节剂、琼脂等，有时根据培养需要可以添加抗生物质、抗氧化物、活性炭等。其中，植物生长调节剂是培养基的关键物质，是人工调控组织培养的“魔术棒”，植物生长调节剂的种类、浓度以及配比对植物组织培养起着决定性作用，以生长素和细胞分裂素最为主要。

培养基的组成成分很多，而且各组分的性质和含量各不相同。为了减少每次配制培养基时的称量麻烦，同时减少称量试剂时造成的误差，通常将各组分分别配制成大量元素母液、微量元素母液、铁盐母液、有机物母液和植物激素母液。为防止各种盐类混合时产生沉淀，药品需先用蒸馏水分别溶解，然后依次混合。母液配好后放入冰箱内低温保存，用时再按比例稀释。配制培养基时，按配方称（量）取各组分，煮溶后加蒸馏水定容，调节 pH（一般 pH 为 5.8~6.0）后进行分装和灭菌。

开展某一植物的组织培养研究时，首先要制定出一套行之有效的培养方案，方案的关键是要确定最佳培养基配方和最适的培养条件。即使是引进他人的成熟技术，也需先经过小规模的实验，培养成功后才能用于大规模生产。常用实验方法主要有单因子实验、多因子实验、逐步添加或排除实验及广谱实验等。制定培养方案时，除培养基和培养条件的筛选外，还要考虑影响组培成功的其他主要因素，如植物的种类和品种、外植体的类型、pH、培养方式、继代培养次数、炼苗移栽的基质配比等。最后，通过数据采集和结果比较分析，确定最佳培养方案。

技能部分

技能一 MS 培养基母液的配制与保存

技能目标

1. 通过 MS 培养基母液的配制，掌握配制与保存培养基母液的基本技能。
2. 掌握培养基各种母液的保存方法。

一、训练前准备

1. 试剂

95%酒精，0.1mol/L、1mol/L NaOH，0.1mol/L、1mol/L HCl，配制 MS 培养基所需的各种无机物、有机物，蒸馏水。

2. 仪器、用具

各类天平，磁力搅拌器，冰箱，烧杯，容量瓶，量筒，试剂瓶，标签。

二、方法步骤

（一）母液的配制

母液是欲配制培养基的浓缩液，一般配成比所需浓度高 10~100 倍的溶液。优点：保证各物质成分的准确性；便于配置时快速移取；便于低温保藏。

1. MS 大量元素母液（10×）

称 10L 量溶解在 1L 蒸馏水中，配 1L 培养基取母液 100mL。

序号	化学药品	1L 量	10L 量
①	NH_4NO_3	1650mg	16.5g
②	KNO_3	1900mg	19.0g
③	$CaCl_2 \cdot 2H_2O$	440mg	4.4g
④	$MgSO_4 \cdot 7H_2O$	370mg	3.7g
⑤	KH_2PO_4	170mg	1.7g

2. MS 微量元素母液（100×）

称 10L 量溶解在 100mL 蒸馏水中，配 1L 培养基取母液 10mL。

序号	化学药品	1L 量	10L 量
①	$MnSO_4 \cdot 4H_2O$ （$MnSO_4 \cdot H_2O$）	22.3mg （21.4mg）	223mg 214mg
②	$ZnSO_4 \cdot 7H_2O$	8.6mg	86mg
③	$CoCl_2 \cdot 6H_2O$	0.025mg	0.25mg
④	$CuSO_4 \cdot 5H_2O$	0.025mg	0.25mg
⑤	$Na_2MoO_4 \cdot 2H_2O$	0.25mg	2.5mg
⑥	KI	0.83mg	8.3mg
⑦	H_3BO_3	6.2mg	62mg

注：$CoCl_2 \cdot 6H_2O$ 和 $CuSO_4 \cdot 5H_2O$ 可按 10 倍量（0.25mg×10=2.5mg）或 100 倍量（25mg）称取后，定容于 100mL 水中，每次取 10mL 或 1mL（即含 0.25mg 的量）加入到母液中。

3. MS 铁盐母液（100×）

称 10L 量溶解在 100mL 蒸馏水中，配 1L 培养基取母液 10mL。

序号	化学药品	1L 量	10L 量
①	Na_2EDTA	37.3mg	373mg
②	$FeSO_4 \cdot 7H_2O$	27.8mg	278mg

注：配制时，应将两种成分分别溶解在少量蒸馏水中，其中 EDTA 盐较难完全溶解，可适当加热。混合时，等两种溶液都冷却后，先取 EDTA 溶液置容量瓶（烧杯）中，然后将 $FeSO_4$ 溶液慢慢倒入 EDTA 溶液中，最后定容，保存在棕色试剂瓶中。

4. MS 有机物母液（100×）

称 10L 量溶解在 100mL 蒸馏水中，配 1L 培养基取母液 10mL。

化学药品	1L 量	10L 量
烟酸	0.5mg	5mg
盐酸吡哆醇	0.5mg	5mg
盐酸硫胺素	0.1mg	1mg
肌醇	100mg	1g
甘氨酸	2mg	20mg

5. 生长调节剂

单独配制，浓度为 0.2~0.5mg/mL。

配制培养基母液时注意事项：

（1）一些离子易发生沉淀，可先用少量蒸馏水溶解，再按配方顺序依次混合；

（2）配制母液时必须用蒸馏水或重蒸馏水；

（3）药品应用化学纯或分析纯；

（4）溶解生长素时，可用少量 0.5mol/L、1mol/L 的 NaOH 或 95%酒精溶解，溶解分裂素类用 0.5mol/L、1mol/L 的 HCl 加热溶解。

（二）母液的保存

1. 装瓶

将配制好的母液分别装入试剂瓶中，贴好标签，注明各培养基母液的名称、浓缩倍数、日期。注意将易分解、氧化的溶液，放入棕色瓶中保存。

2. 贮藏

4℃冰箱。

三、作业

1. 写出实验报告。
2. 配制培养基母液时应注意哪些事项？

技能二 MS 固体培养基的配制与灭菌

技能目标

通过 MS 固体培养基的配制，掌握配制培养基的基本技能。

一、训练前准备

1. 试剂

配制 MS 培养基的各种母液，生长调节剂，琼脂，蔗糖，蒸馏水，0.1mol/L、0.5mol/L NaOH，0.1mol/L、0.5mol/L HCl。

2. 仪器、用具

酸度计或 pH 试纸，电磁搅拌器，电炉，高压灭菌锅，微量移液器，移液管，量筒，容量瓶，培养瓶（三角瓶），烧杯，标签。

二、方法步骤

（一）MS 固体培养基的配制

（1）将配制好的 MS 培养基母液从冰箱中取出，按顺序排列，并逐一检查是否有沉淀或变色，避免使用已失效的母液。

（2）取少量的蒸馏水（约为配制培养基量的 2/3）加入烧杯中。

注意：配 500mL 培养基用 1000mL 烧杯。

（3）按母液顺序和规定量，用量筒、移液管或微量移液器取母液，依次放入烧杯中。

如配制 1000mL 培养基，需：

MS 大量元素母液	100mL
MS 微量元素母液	10mL
MS 铁盐母液	10mL
MS 有机物母液	10mL

（4）通过计算，用微量移液器取所需的各种生长调节剂母液。

（5）加入蔗糖（30g/L），溶解。

（6）定容　用容量瓶。

（7）调 pH　一般 pH 为 5.8。用 0.1mol/L 和 0.5mol/L 的 NaOH 和 HCl 将 pH 调至所需的数值。

（8）分装到大三角瓶中（500mL、1000mL）。

（9）加琼脂（6～10g/L），常用 6.6～7g/L。

（10）封口　用棉塞或锡箔纸、牛皮纸封口，注明培养基名称、配制时间。

或者：

（5）加入蔗糖。

（6）加琼脂，煮沸 1～2min（溶化琼脂）。

（7）定容，调 pH。

（8）分注到培养瓶中。100～150mL 培养瓶每瓶装入 20～35mL 的培养基。

注意：

①经高温高压灭菌后，培养基的 pH 会下降 0.2~0.5，故调整后的 pH 可以略高于目标 pH。

②pH 的大小会影响琼脂的凝固能力，一般当 pH 大于 6.5 时，培养基将会变硬；低于 5.0 时，琼脂就不能很好地凝固。

③如果 pH 与所需的数值相差很大，可先用 0.5mol/L 的 NaOH 或 HCl 调节，至接近时，再用 0.1mol/L 的酸、碱调节。以免加入过量的水溶液，导致溶液体积增大，培养基不能很好地凝固（因加入的琼脂量一定）。

（二）MS 固体培养基的灭菌——高压蒸汽灭菌（湿热灭菌法）

1. 洗涤

把组织培养基用的培养皿、三角瓶、试管等玻璃器皿进行彻底清洗，自然晾干或用烘箱干燥。

2. 包扎

用牛皮纸、报纸、纱布或锡箔纸把玻璃器皿和金属器械分别包扎好。

3. 装水

在高压灭菌锅内装入一定量的水（水要淹没电热丝，切忌干烧）。

4. 装物品

在灭菌锅内放入含培养基的培养瓶或三角瓶、装蒸馏水的玻璃瓶，以及包扎好的玻璃器皿和金属器械等。

5. 灭菌

将排气阀开着，加热，直至锅内释放出大量水蒸气（此时水蒸气横向喷出），再关闭阀门；或者当锅内压力升至 49.0kPa 时，开启排气阀，将锅内的冷空气全部排出。当锅内压力达到 0.1MPa 时，温度为 121℃时，维持 15~20min，即可达到灭菌的目的（若灭菌时间过长，会使培养基中的某些成分变性失效）。切断电源，让灭菌锅自然冷却。

注意：

①先打开放气阀，再打开锅盖（以免锅内压力大而爆炸）。

②开盖后应尽快转移培养瓶，使培养瓶冷却、凝固。一般应将灭菌后的培养瓶储藏于 30℃以下的室内，最好储藏在 4~10℃的条件下。

③某些生长调节剂如 IAA、ZT、ABA 等以及某些维生素遇热是不稳定的，不能同培养基一起高压灭菌，而需要进行过滤灭菌。

三、作业

（1）将本次实训内容写成实训报告。

（2）高压灭菌时应注意哪些问题？

(3) 配制培养基时应注意哪些问题？

技能三
组培方案设计

技能目标

1. 熟悉植物组织培养方案的设计方法和过程。
2. 巩固植物组织培养的一般技术。

一、方法步骤

1. 查阅资料

通过图书馆、互联网等途径查阅相关资料。

2. 编写实验方案

根据查阅的相关资料，独立编写实验方案。

方案应包括以下内容：

(1) 该植物组织培养的意义，组培的研究进展等。

(2) 组培所需的物品　包括设施、仪器、器皿、药品等。

(3) 确定技术路线　包括培养方法、分化途径、实验方法。

(4) 外植体的选择与消毒　外植体的种类、预处理、消毒剂的种类及消毒时间。

(5) 初代培养　基本培养基、生长调节剂组合实验设计。

(6) 培养条件　温度、光照时间、光照强度。

(7) 增殖培养和生根培养　基本培养基和生长调节剂组合实验设计。

(8) 异常情况的处理　污染、褐变、玻璃化、增殖率低、不生根等异常情况的处理方法。

3. 分组讨论各实验方案的可行性。

(1) 讨论实验方案的科学性：分析实验方案是否符合科学原理，是否能够验证预期的假设。

(2) 讨论实验条件的可行性：评估实验室设备、材料以及时间等资源是否满足实验方案的需求。

(3) 讨论实验操作的安全性：讨论实验过程中可能存在的安全隐患，并提出相应的预防措施。

(4) 讨论实验结果的可靠性：分析实验结果的稳定性和可重复性，以及可能存在的误差来源。

思考与练习

1. 列举几种常用的基本培养基，并简述其主要特点。

2. 培养基的主要成分有哪些？
3. 植物生长调节剂主要有哪几类？各有哪些作用？
4. 配制母液的目的是什么？叙述 MS 培养基母液和生长调节剂原液的配制方法。
5. 配制培养基母液时，铁盐为何要单独配制？
6. 以 MS 固体培养基为例，叙述培养基的配制步骤。
7. 筛选培养基的方法有哪些？
8. 制定培养方案时，重点考虑哪些影响因素？

项目三
无菌操作技术

知识目标

1. 学会各种外植体的接种方法和操作流程。
2. 理解有菌和无菌的范畴。
3. 记住外植体灭菌程序。

能力和技能目标

1. 能正确选择和处理外植体，对各种不同外植体实施合理灭菌。
2. 能严格按照操作流程使用超净工作台，对各种材料进行无菌接种。

思政育人目标

培养细心和持之以恒的精神和意识。

课前小故事

厉归真画虎

五代画虎名家厉归真从小喜欢画画，尤其喜欢画虎，但是由于没有见过真的老虎，总把老虎画成病猫，于是他决心进入深山老林，探访真的老虎。在猎户伯伯的帮助下，厉归真终于见到了真的老虎。他冒着生命危险，吃住在深山老林，经历了千辛万苦，通过大量的写生临摹，画虎技法突飞猛进，笔下的老虎栩栩如生，几可乱真。从此以后，他又用大半生的时间游历了许多名山大川，见识了更多的飞禽猛兽，终于成为一代绘画大师。

理论部分

单元一 无菌操作

组织培养无菌操作是指在不存在一切有生命活动的微生物的营养细胞及其芽孢或孢子的环境下，将植物的器官、组织和细胞接种在人工合成培养基上，以使其发育成完整植物体的试验和生产行为。在组织培养过程中，涉及的操作环境、培养基和试验材料等都有感染细菌和真菌的可能。因此，组织培养的取材、接种、培养的整个过程中，必须建立较强的无菌操作意识。必须严格操作环境、培养基和试验材料的灭菌，同时严格无菌操作防止污染。

一、灭菌和接种

（一）灭菌

灭菌是组织培养重要的工作之一。首先要清楚有菌和无菌的范畴。有菌的范畴是：凡是暴露在空气中的物体，接触自然水源的物体，至少它的表面都是有菌的。因此，无菌室等未处理的地方、超净台的表面、简单煮沸的培养基、无菌操作的器械未处理之前、操作者呼出的气体、刚清洗过的培养容器都是有菌的。此处所指的菌包括细菌、真菌、放线菌、藻类及其他微生物。

无菌的范畴：经高温灼烧或一定时间蒸煮过后的物体，经其他物理或化学的灭菌方法处理后的物体。因此，强酸强碱、化学元素灭菌剂等表面和内部都是无菌的。

松叶牡丹组培苗的无菌转接

灭菌是指用物理或化学的方法，杀死物体表面和孔隙内的一切微生物或生物体，即把所有有生命的物质全部杀死。与此相关的一个概念是消毒，它指杀死、消除或充分抑制部分微生物，使之不再发生危害作用。显然经过消毒，许多细菌芽孢、霉菌厚垣孢子等不会完全杀死，在消毒后的环境里和物品上还会有活着的微生物。通过严格灭菌的操作空间和使用的器皿，以及操作者的衣着和手都不带任何活着的微生物，在这样的条件下进行的操作，就叫作无菌操作。

植物组织培养对无菌条件的要求是非常严格的，甚至超过微生物的培养要求，这是因为培养基含有丰富的营养，稍不小心就引起杂菌污染。要达到彻底灭菌的目的，必须根据不同的对象采取不同的切实有效的方法，才能保证培养时不受杂菌的影响，使试管苗能正常生长。

常用的灭菌方法可分为物理的和化学的两类，物理方法如干热（烘烧和灼烧）、湿热（常压或高压蒸煮）、射线处理（紫外线、超声波、微波）、过滤、清洗和大量无菌水冲洗等措施；化学方法是使用氯化汞（$HgCl_2$）、甲醛、过氧化氢、高锰酸钾、来苏水、漂白粉、次氯酸钠、抗生素、酒精化学药品处理。这些方法和药剂要根据工作中的不同材料和不同目的适当选用。

1. 培养基用的湿热灭菌法

湿热灭菌法是指用饱和水蒸气、沸水或流通蒸汽进行灭菌的方法。该法是利用蒸汽潜热大、穿透力强等特点使蛋白质变性或凝固，因此灭菌能力强，并为热力灭菌中最有效、应用最广泛的灭菌方法。此法适合耐热药品、容器、培养基、无菌衣、胶塞以及其他遇高温和潮湿不发生变化或损坏的物品。湿热灭菌法中常用的方法为高压蒸汽灭菌法，常用于培养基的灭菌。

培养基在制备后的 24h 内完成灭菌工序。高压灭菌的原理是：在密闭的蒸锅内，其中的蒸汽不能外溢，压力不断上升，使水的沸点不断提高，从而锅内温度也随之增加。在 0.1MPa 的压力下，锅内温度达 121℃。在此蒸汽温度下，可以很快杀死各种细菌及其高度耐热的芽孢。

注意完全排除锅内空气，使锅内全部是水蒸气，灭菌才能彻底。高压灭菌放气有几种不同的做法，但目的都是要排净空气，使锅内均匀升温，保证灭菌彻底。常用方法是：关闭放气阀，通电后，待压力上升到 0.05MPa 时，打开放气阀，放出空气，待压力表指针归零后，再关闭放气阀。

关阀再通电后，压力表上升达到 0.1MPa，温度达到 121℃时，开始计时，维持压力 0.1~0.15MPa，15~20min。

按容器大小不同，保压时间有所不同，见表 3-1。该表所列数字是彻底灭菌很保险的数字，如果容器体积较大，但是放置的数量很少，也可以减少时间。

表 3-1　　培养基高压蒸汽灭菌所必需的最少时间

容器的体积/mL	在 121℃灭菌所需最少时间/min
20~50	15
75~150	20
250~500	25
1000	30

到达保压时间后，即可切断电源，当压力到 0.05MPa，可缓慢放出蒸汽，应注意不要使压力降低太快，以致引起激烈的减压沸腾，使容器中的液体四溢。当压力彻底降到零后，才能开盖，取出培养基，摆在平台上，以待冷凝。

对高压灭菌后不变质的物品，如无菌水、栽培介质、接种工具，可以延长灭菌时间或提高压力。而培养基要严格遵守保压时间，既要保压彻底，又要防止培养基中的成分变质或效力降低，但不能随意延长时间。对于一些布制品，如实验衣、口罩等也可用高压灭菌。洗净晾干后用耐高压塑料袋装好，高压灭菌 20~30min。

应当注意的是高压灭菌前后的培养基，其 pH 一般会下降 0.2~0.5 单位，据我们多次检测，灭菌前 pH 调到 5.8 时，灭菌后会降到 5.4 左右，这样，可以根据所培养植物的生长要求适当调节 pH。

为防止高压灭菌产生上述的一些变化可用下列方法：

（1）经常注意搜集有关高压灭菌影响培养基成分的资料，以便及时采取有效措施。

（2）设计培养基配方时尽量采用效果类似的稳定试剂并准确掌握剂量。如避免使用果糖和山梨醇而用甘露醇，以 IBA 代替 IAA，控制活性炭的用量（在 0.1%以下），注意 pH 对高压灭菌下培养基中成分的影响等。

（3）配制培养基时应注意成分的适当分组与加入的顺序，如将磷、钙和铁放在最后加入。

湿热灭菌法除高压蒸汽灭菌法外，还有煮沸灭菌法、流通蒸汽灭菌法和间歇蒸汽灭菌法。煮沸灭菌法是将水煮沸至 100℃，保持 5~10min 杀死细菌繁殖体，保持 1~3h 杀死芽孢的灭菌方法。巴氏消毒法是一种低温消毒法，有两种具体方法，一是低温维持法：62℃维持 30min；二是高温瞬时法：75℃作用 15~30s。流通蒸汽灭菌法是利用常压下的流通蒸汽进行灭菌的方法。间歇蒸汽灭菌法是利用反复多次的流通蒸汽加热，杀灭微生物的灭菌方法。

2. 无菌操作器械采用的灼烧灭菌法

灼烧灭菌法就是通过火焰高温灼烧进行灭菌的方法。灭菌物体在酒精灯火焰上通过几次，温度可达到 200℃以上，一切微生物（包括细菌芽孢）都可杀死，达到无菌状态。此法适用于接种器械、瓶口、棉塞、包头纸等。

3. 玻璃器皿及耐热用具采用干热灭菌法

干热灭菌法是指物品于干热灭菌柜、隧道灭菌器等设备中，利用干热空气达到杀灭微生物或消除热原物质的方法。干热灭菌条件一般为 160~170℃，120min 以上；170~180℃，60min 以上或 250℃，45min 以上，也可采用其他温度和时间参数。总之，应保证灭菌后的产品其原特性。

此法适用于耐高温但不宜用湿热灭菌法灭菌的物品，如玻璃器具、金属制容器、纤维制品、固体试药、液状石蜡等。干热灭菌的物品要预先洗净并干燥，工具等要妥为包扎，以免灭菌后取用时重新污染。包扎可用耐高温的塑料。灭菌时应渐进升温，达到预定温度后记录时间。烘箱内放置的物品的数量不宜过多，以免妨碍热对流和穿透，到指定时间断电后，待充分冷凉，才能打开烘箱，以免因骤冷而使器皿破裂。干热灭菌能源消耗太大，浪费时间。

4. 不耐热的物质采用过滤灭菌法

过滤灭菌法是指利用细菌不能通过致密具孔滤材的原理以除去气体或液体中微生物的方法。此法适用于热不稳定的药品溶液或原料的除菌，如蔗糖、果糖、部分维生素、植物组织提取物和一些生长调节剂（赤霉素、玉米素、脱落酸）。

除菌滤膜的网孔直径为0.45μm以下，当溶液通过滤膜时，细菌的细胞和真菌的孢子等因大于滤膜直径而被阻。在需要过滤灭菌的液体量大时，常使用抽滤装置；液体量小时，可用注射器。使用前对滤器和滤膜应进行洁净处理，并用高压蒸汽进行灭菌或实行在线灭菌。将待过滤的液体装入滤器，然后过滤灭菌，滤液经培养证明无菌生长后可保存备用。

5. 空间采用紫外线和熏蒸灭菌法

（1）紫外线杀菌法　紫外线灭菌是指利用辐射因子灭菌，细菌吸收紫外线后，蛋白质和核酸发生结构变化，引起细菌的染色体变异，造成死亡，达到灭菌效果的方法。此法适用于接种室、超净台或接种箱的灭菌。紫外线灭菌的紫外线波长为200~300nm，其中260nm的杀菌能力最强，灭菌时间一般为30min。但是由于紫外线的穿透能力很弱，所以只适于空气和物体表面的灭菌，而且要求距照射物不超过1.2m。

（2）熏蒸灭菌法　熏蒸灭菌法是指对化学消毒剂加热和氧化等方法，使化学药剂变为气体状态扩散到空气中，以杀死空气和物体表面微生物的灭菌方法。化学消毒剂可以使微生物的蛋白质变性，或竞争其酶系统，或降低其表面张力，增加菌体细胞浆膜的通透性，使细胞破裂或溶解，达到灭菌的作用。此法适用于接种室、培养室或接种箱的灭菌。接种室和培养室一般1年定期灭菌1~2次，视情况也可每1~2月熏蒸1次。

常用熏蒸剂是甲醛。熏蒸时，房间关闭紧密，按5~10mL/m^3用量，将甲醛置于广口容器中，加5g/m^3高锰酸钾氧化挥发。熏蒸时，房间可预先喷湿以加强效果。

6. 一些物质表面用药剂喷雾灭菌法

药剂喷雾灭菌法是指把化学消毒剂以喷雾的方式喷到物体表面，以杀死物体表面的微生物的灭菌方法。此法适用于桌面、墙面、双手、植物材料表面等。药剂喷雾灭菌法可用70%~75%的酒精，1%~2%的来苏水或者0.25%~1%的新洁尔灭溶液。

7. 植物材料表面消毒剂灭菌法

从外界或室内选取的植物材料，都不同程度地带有各种微生物，这些污染源一旦带入培养基，便会造成培养基污染。因此，植物材料必须经严格的表面灭菌处理，植物材料表面灭菌的步骤如下。

第一步，清洗。将采来的植物材料，除去不用的部分，将需要的部分切割成适当大小，仔细清洗。视其清洁程度，把材料置自来水龙头下流水冲洗几分钟至数小时，易漂浮或细小的材料，可装入纱布袋内冲洗。然后用中性洗衣粉（洗洁精）清洗，注意勿损伤实验材料。再用自来水冲洗洗衣粉。洗衣粉可除去轻度附着在植物表面的污物，除去脂质性的物质，便于灭菌液的直接接触。

第二步，表面浸润灭菌。要在超净台或接种箱内完成，准备好消毒的烧杯、玻璃棒、70%酒精、消毒液、无菌水、计时器（或手表）等。用70%酒精浸10~30s，酒精具有浸湿作用和强穿透力效果，因此浸润时间不宜过长。但对一些特殊的材料，如果实、花蕾、包有苞片和苞叶等的孕穗、多层鳞片的休眠芽以及主要取用内部的材料，则可只用70%酒精处理稍长的时间。

第三步，灭菌剂处理。表面灭菌剂的种类较多，至于各种药剂的使用浓度和浸泡时间，也应依据植物种类和取用的器官部位的不同进行灭菌。现将离体培养中常用的灭菌剂使用浓度、灭菌时间以及灭菌效果列表比较（表3-2）。

表3-2　不同灭菌剂的使用浓度、灭菌时间及灭菌效果

药物种类	浓度/%	灭菌时间/min	效果
酒精	70~75	0.1~5	(+) 好
氯化汞（升汞）	0.1~0.2	8~25	(+++) 最好
漂白粉	饱和上清液	8~15	(++) 很好
次氯酸钠	2	5~30	(++) 很好
次氯酸钙	9~10	5~30	(++) 很好

植物材料的灭菌，采用单一灭菌剂往往收不到良好的效果，一般常采用多种药剂配合使用的方法。在药剂灭菌时，对表面具有较厚的蜡质层，灭菌药剂不易粘着的材料，在灭菌溶液中加吐温-80或tritonx。这些表面活性剂可使药剂展布，更容易浸入到灭菌的材料表面。但吐温对植物材料有所伤害，应注意用量和灭菌时间，一般加入灭菌液的0.5%，即在100mL中加入15滴。

第四步，用无菌水漂洗。灭菌剂处理的植物材料用无菌水漂洗，要求3min左右。视采用的消毒液种类，漂洗3~5次，免除消毒剂杀伤植物细胞的副作用。

（二）无菌操作

植物组织培养是一种无菌技术，因此不仅要求整个操作过程，一切用具、材料、培养基、培养室、工作人员的衣物都要无菌，而且要求工作人员在操作过程中要遵守无菌操作的规程，稍有疏忽，都会造成无法挽回的后果，使工作前功尽弃。

1. 玻璃器皿的消毒和清洁

(1) 新购玻璃器皿的处理 新购玻璃器皿应用热肥皂水洗刷，流水冲洗，再用1%~2%盐酸溶液浸泡，以除去游离碱，再用水冲洗。对容量较大的器皿如试剂瓶、烧瓶或量具等，经清水洗净后应注入浓盐酸少许，慢慢转动，使盐酸布满容器内壁数分钟后倾出盐酸，再用水冲洗。

(2) 污染玻璃器皿的处理

①一般试管或容器可用3%煤酚皂溶液或5%石炭酸浸泡，再煮沸30min，或在3%~5%漂白粉澄清液内浸泡4h，有的亦可用肥皂或合成洗涤剂洗刷使尽量产生泡沫，然后用清水冲洗至无肥皂为止。最后用少量蒸馏水冲洗。

②污染细菌的试管和培养瓶可先行集中，用0.1MPa高压灭菌15~30min，再用热水洗涤后，用肥皂洗刷，流水冲洗。

③吸管使用后应集中于3%煤酚皂溶液中浸泡24h，逐支用流水反复冲洗，再用蒸馏水冲洗。

④油蜡沾污的器皿，应单独灭菌洗涤，先将沾有油污的物质弃去，倒置于吸水纸上，100℃烘干半小时，再用碱水煮沸，肥皂洗涤，流水冲洗。必要时可用二甲苯或汽油去油污。

⑤染料沾污的器皿，可先用水冲洗，后用清洁液或稀盐酸洗脱染料，再用清水冲洗。一般染色剂呈碱性，所以不宜用肥皂的碱水洗涤。

⑥玻片可置于3%煤酚皂溶液中浸泡，取出后流水冲洗，再用肥皂或弱碱性溶液煮沸，自然冷却后，流水冲洗。被结核杆菌污染或不易洗净的玻片，可置于清洁液内浸泡后再冲洗。

2. 无菌器材和液体的准备

将玻璃器具中的培养皿、培养瓶、试管、吸管等按上述方法洗净烘干后，用一洁净纸包好瓶口并把吸管尾端塞上棉花，装入干净的铝盒或铁盒中，于120℃的干燥箱中干燥灭菌2h，取出备用。

对于手术器械、瓶塞、工作服以及蒸馏水、新配制耐热药剂，则采用高压蒸汽灭菌法，即在121℃条件下，加热15~20min。

3. 无菌操作过程

无菌操作是指将整个过程控制在无菌条件下进行的操作过程，所以无菌操作过程中，最重要的是要保持工作区的无菌、清洁。

在操作前20~30min要先启动超净台风机和紫外灯，然后用肥皂水洗净双手，在缓冲间内穿好灭过菌的实验服、帽子与拖鞋，进入无菌接种室。

在无菌接种室内，用75%的酒精擦拭超净工作台面和双手；用蘸有75%酒精的纱布擦拭装有培养基的培养器皿，放进工作台。把解剖刀、剪刀、镊子等器械浸泡在95%酒精中，在火焰上灭菌后，放在器械架上。把植物材料放进75%的酒精中浸泡约30s，再在0.1%的氯化汞中浸泡5~10min，或在2%的次氯酸钠溶液中浸泡10~15min，浸泡时可进行搅动，使植物材料与灭菌剂有良好的接触；然后用无菌水冲洗3~5次。用火焰灼烧培养瓶口，转动瓶口使瓶口各部分都烧到，打开封口塑料；把培养材料迅速放入培养瓶中，扎上瓶口。

操作期间应经常用75%酒精擦拭工作台和双手，接种器械应反复在95%的酒精中浸泡和在火焰上灼烧。接种结束后，清理和关闭超净工作台。

（三）接种

按照不同的要求，将经过表面灭菌的根、茎、叶等离体器官，经切割或剪裁成小段或小块，放入培养基的过程称为接种。接种是极其严格的无菌操作，操作不慎很容易引起污染。现将接种程序介绍如下：

（1）将初步洗涤及切割的材料放入烧杯，带入超净台上，用消毒剂灭菌，再用无菌水冲洗，最后沥去水分，取出放置在灭过菌的4层纱布上或滤纸上。

（2）材料吸干后，一手拿镊子，一手拿剪刀或解剖刀，对材料进行适当的切割。如叶片切成0.5cm见方的小块；茎切成含有一个节的小段。微茎尖要剥成只含1~2叶原基的茎尖大小，需要在双筒实体显微镜下放大操作。分离工具一定要放好，工具要锋利且切割动作要快，防止挤压，以免使材料受损伤而导致培养失败。

注意：接种时要防止交叉污染发生，因此刀和镊子等接种工具每次使用前都应放入95%酒精中浸泡，然后在火焰上反复灼烧，放凉后才能使用，否则会烫伤外植体。使用后的工具仍然插入盛有酒精的瓶中。在接种过程中要经常灼烧接种器械，防止交叉污染。

（3）用灼烧灭菌过的器械将切割好的外植体插植或放置到培养基上。具体操作过程是左手拿培养瓶，用右手轻轻取下封口膜，以免膜上的灰尘飞扬，造成污染。将培养瓶几乎水平拿着，使瓶口靠近酒精灯火焰，并将瓶口在火焰上方转动，使瓶口里外灼烧数秒钟。

注意：打开瓶盖时，最大污染的机会是瓶口边缘的微生物落入瓶内，因为培养瓶在贮存期间积累了少量的灰尘；另外，灭菌冷却时，在瓶口形成负压，当开盖时，空气进入而带入灰尘。所以，培养瓶应与接种台平面成45°夹角，利用酒精灯火焰附近气流上升，以减少灰尘的落入；开盖前要用火焰转动灼烧瓶口，把灰尘固定在瓶口上，以杀死菌类。

然后用镊子夹取一块切好的外植体送入培养瓶内，轻轻插入培养基上。若是叶片直接附在培养基上，以放1~3块为宜。至于材料放置方法，茎尖、茎段要正放（生理状态的上下）或横放，叶片要将叶背接触培养基（叶背比叶表有更多的气孔，利于吸收水分和养分），其他尚无统一要求。放置材料数量现在倾向少放，通过统计认为：对外植体每次接种以一支试管放一枚组块为宜，这样可以节约培养基和人力，一旦培养物污染可以抛弃。

操作时动作要准确敏捷，但不必太快，以防空气流动，增加污染机会。不能用手触及已消毒器皿，如已接触，要用火焰灼烧消毒触及部。接完种后，将管口在火焰上再灼烧数秒钟，用封口膜封好培养瓶。

所有材料接种完毕，做好标记，注明接种植物和处理名称、接种日期等。

单元二 组织培养流程

植物的组织培养是利用无性生殖原理，使植物组织在人工控制的条件下，通过细胞的增殖和分化，快速发育成新植株的高新技术手段。一个完整的植物组织培养过程一般包括准备阶段、外植体选择与消毒、初代培养、继代培养、生根培养和炼苗移栽六个过程。

一、培养方法与培养步骤

（一）初代培养（无菌培养物的建立）

初代培养，即接种某种外植体后，最初的1~2代培养，旨在获得无菌材料和无性繁殖系。初代培养时，常用诱导或分化培养基，即培养基中含有较多的细胞分裂素和少量的生长素。

1. 培养方法

培养是指把培养材料放在培养室（有光照、温度条件）里，使之生长，分裂和分化形成愈伤组织或进一步分化成再生植株的过程。目前植物组织培养方式可分为固体培养和液体培养两大类。随着研究的进展，又提出单细胞培养等多种培养方法。

（1）固体培养　固体培养是将培养材料放到固体培养基上，赋予一定的生长条件，使之生长再生的过程。固体培养法使用设备简单、操作简便，一般只要有培养室及接种箱即可开展工作。并且固体培养基对培养物具有支持作用，通气问题易解决，便于经常观察研究等。但其培养方式也存在不足，如培养物与培养基的接触（即吸收）面积小，各种养分在琼脂中扩散慢，影响养分的充分利用；同时培养物排出的一些代谢废物聚集在吸收表面，对组织产生毒害作用，故要及时转移培养。另外，组织受光不均匀，细胞生长就不一致。

（2）液体培养　液体培养是将培养材料放入液体培养基内，赋予一定的生长条件，使之生长再生的过程。液体培养的条件一致，在快速繁殖中产生较多繁殖体，适合于细胞、原生质体、生物化学物质代谢的培养等。但其培养方式也存在不足，如需要转床、摇床设备进行振动以解决通气问题；存在的漂洗作用使细胞中与生命有关的化学成分丧失；细胞容易受机械伤害。所以振动的速度不能太大。

液体培养又可分静置培养、振荡培养和液体静置浅层培养。

静置培养是用滤纸桥作支撑物，外植体放在桥面上，通过滤纸桥把液体培养基的营养吸收上来供外植体用。目前此法不很普遍。

振荡培养是将外植体在液体培养基中不断转动的培养模式。振荡方式有连续浸没和定期浸没两种。连续浸没振荡培养是使组织悬浮于培养基中，培养液体积只占容器体积的1/5，不断搅动或振动，形成较好的通气条件。小量培养时，可采用磁力搅拌器，转速约在250r/min；如培养物较大，则采用往复摇床或旋转摇床，振动速度一般为50~100r/min。定期浸没振荡培养是使组织块定期交替地浸在液体里及暴露在空气中，有利于既吸收培养液又进行气体交换。进行定期浸没振荡培养的仪器是自旋式培养架。自旋式培养架是一根略为倾斜（45°）的轴上平行排列着多个转盘，转盘上装有固定瓶夹，瓶夹夹住培养瓶（T形管或大瓶），转盘向一个方向转动，培养瓶也随之转动，瓶中的培养物随之交替暴露于空气或液体培养基之中。转速一般为90~110r/min。

液体静置浅层培养是将外植体悬浮于液体培养基中，取少许于培养皿底部形成很薄的一层，封口进行静置的培养模式。液体静置浅层培养既具备了液体培养所具有培养基成本低、植株吸收好、生长速度快、苗健壮等优点，又解决了通气性差的问题。据报道，液体静置浅层培养在马铃薯、白鹤芋、花叶芋、红掌、橡皮树试管苗快繁中已成功运用，效益显著。

2. 快速繁殖的途径与方法

1978年罗士韦根据植物组织培养再分化过程的类型不同，将快速繁殖途径概括为五个类型。

（1）无菌短枝型法　又称节培法或微型扦插法。采用外源的植物生长调节剂，可促使顶芽或侧芽启动生长，从而形成一个微型的多枝多芽的小灌木丛状的结构。这些枝芽可以在短时期内转接继代，迅速产生大量的嫩茎。然后将一部分嫩茎转移到生根培养基上，得到完整的小植株。单芽茎段微繁见图3-1。

本类型不经过发生愈伤组织而再生，遗传性状稳定，是最能保持原品种特性的一种繁殖方式。该法一次成苗，培养过程简单，适用范围大，移栽容易成活。一些木本植物和少数草本植物，如月季、茶花、菊花、香石竹、草莓、葡萄、杨树的试管苗繁殖常用，也是其他方法最后阶段使用的方法。在采样时，只能采用顶芽、侧芽或带有芽的茎切段，其他如种子萌发后取枝条也可以。

（2）丛生芽增殖型　指腋芽、茎尖或茎尖以外任何其他地方形成的不定芽（不包括愈伤组织分化形成的茎芽），在培养基上诱导，不断发生腋芽，形成丛生芽，然后转入生根培养基，诱导生根成苗。该法从芽到芽，遗传性状稳定，

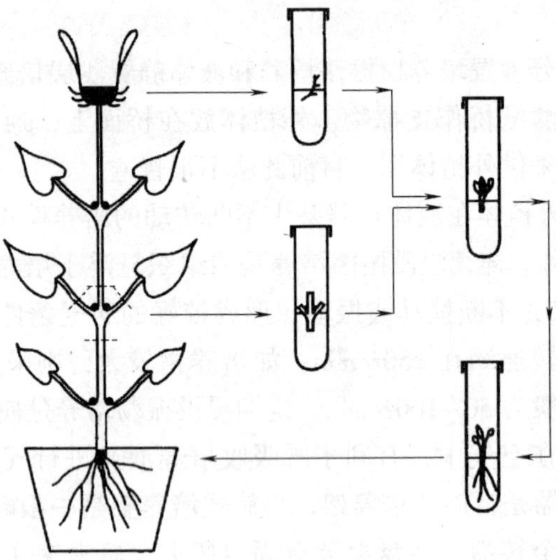

图 3-1　单芽茎段微繁

繁殖速度快，是快速繁殖的主要方式之一，也是茎尖培养和脱病毒苗初期必由之路。但过程较复杂，种类和品种之间差异较大。如香蕉和菠萝的吸芽、秋海棠的叶在切口处形成的芽，矮牵牛、捕虫堇、芸薹属、除虫菊、亚麻、番茄等的叶段和茎段通过培养产生的不定芽；单子叶植物特化为贮藏器官都有产生不定芽的能力，如风信子、虎眼万年青在无 PGR 培养基上几乎每一器官都能长出不定芽。从生芽增殖见图 3-2。

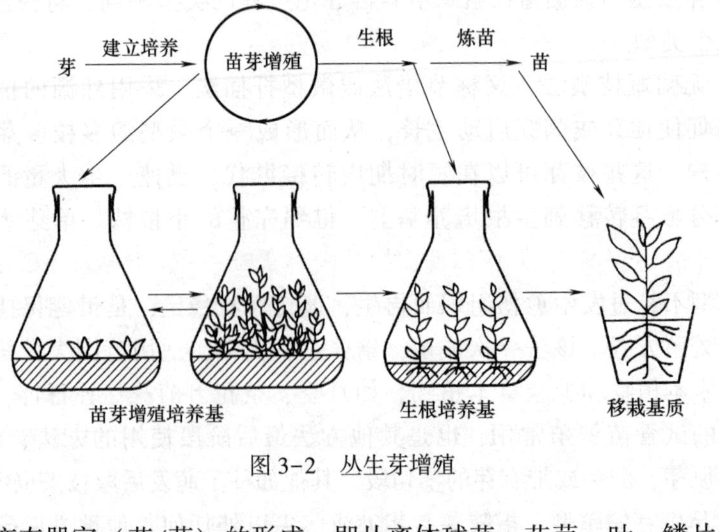

图 3-2　从生芽增殖

也有变态器官（茎/芽）的形成，即从离体球茎、花芽、叶、鳞片等母体组织直接产生小植株。

①球茎型：由叶柄表面产生圆球形小突起（球茎），一端长芽一端长根，如观叶海棠、唐菖蒲。

②块茎型：叶片或叶柄上形成粒状芋块，从其上分化出芽和根。块茎芽可为繁殖系母体，不断切割繁殖移栽，成活率高，如花叶芋、美铁芋、马铃薯。

③鳞茎型：鳞片近轴面或边缘直接形成带根的小鳞茎，但在试管中形成小鳞茎需要较长时间，如百合、郁金香、贝母等。

④根状茎型：蕨类植物具有横向的茎及短根茎，可产生叶和根，如肾蕨、波士顿蕨等。

（3）器官发生型　器官发生型是指从植物的叶片、叶柄、花药、胚珠等成熟组织经过脱分化诱导愈伤组织，然后诱导不定芽扩大繁殖，形成植株。缺点是遗传的不稳定性，如石刁柏的组织培养产生的植株表现多倍性和非整倍性。由于容易发生变异，在良种繁殖时应特别注意。如烟草、油菜、柑橘、咖啡、小苍兰和棕榈，可通过此途径培养获得植株。

（4）胚状体发生型　胚状体发生型是指从植物叶片、子叶、花药、未成熟胚等的细胞或诱导产生的愈伤组织上直接或诱导产生胚状体，其发生和成苗过程非常类似合子胚和种子，即通过球形期、鱼雷期、心形期、子叶期过程形成成熟胚，发育成植株。这种胚状体具有数量多、结构完整、易成苗和繁殖速度快的特点，是离体繁殖中最快的方法，也是制造人工种子的前提。但能诱导胚状体的植物种类及品种还不是那么普遍，发生机理尚不清楚。如甘蔗、桉树、胡萝卜、石刁柏等体细胞培养可通过胚状体途径形成植株。

（5）原球茎　培养的兰花的各个部分的离体组织都能诱导形成原球茎，再经培养分化形成植株。原球茎是种类胚组织，可以继代增殖为新的原球茎，也可产生芽。大部分兰花属于这一类型。

（二）继代培养

在初代培养的基础上所获得的培养物如愈伤组织、芽、胚状体和原球茎等，数量都还不太多，它们需要进一步增殖，使之越来越多，从而发挥快速繁殖的优势。

1. 继代培养概述

把初代培养所获得的培养物移植到新的培养环境，这种移植操作经过多次反复的培养，就叫继代培养，又叫连续培养。继代培养依移植操作的次数分别称为第 1 次继代培养、第 2 次继代培养……连续多代的培养又被称为建成培养。其目的旨在繁殖出相当数量的无菌芽（苗）。继代培养的后代是按几何级数量增加的过程。

增殖使用的培养基对于某一种植物的培养物来说每次几乎完全相同，由于培养物在接近最良好的环境条件，营养供应和激素调控下，排除了其他生物的竞争，所以能够按几何级数增殖。继代培养是经常性不停进行的过程。在达到相当数量之后，应考虑使其中大部分转入生根阶段。从某种意义上讲，增殖只是贮备母株，而生根才是增殖材料的分流，生产出成品。

继代培养中扩繁的方法，包括切割茎段、分离芽丛、分离愈伤组织、分离胚状体、分离原球茎等。切割茎段常用于有伸长的茎梢、茎节较明显的培养物。这种方法简便易行，能保持母种特性。

2. 继代培养方法

（1）固体培养　固体培养是指将初代培养新生长的组织或器官置于固体培养基上进行培养的过程。固体培养法有利于器官的分化。

（2）液体培养　以原球茎或胚状体方式增殖时，如兰花中增殖后得到的原球茎，分切后进行振荡培养（22℃恒温，连续光照）即可获得大量的原球茎，再切成小块转入固体培养基中，即可得到大量小苗。在快速繁殖中，增殖培养有时采用浅层液体静置培养，生根阶段再采用固体培养基，以节省成本。

3. 提高增殖速度的方法

（1）改进培养基　历来使用的培养基大多为培养细胞、愈伤组织和根等设计的，无机盐浓度较高，对一些植物茎尖、芽的生长不一定合适。一方面可参考已有资料或相关的报道，一方面进行多种实验找出最佳培养基。植物生长调节剂在增殖培养中所起的作用往往是决定性的，但是报道差异很大。现将带普遍性的结果总结如下：

①细胞分裂素：通常高浓度会抑制茎芽的发生，如竹节海棠在6-BA 2~3mg/L时，几乎不能生长，至0.5mg/L后能逐渐恢复正常的分化出苗和生长；月季在6-BA太高时，茎芽增殖成短密的丛生芽，生长几乎停止。但是，细胞分裂素的浓度也不能太低，否则没有侧芽出来，会愈伤组织化。无菌短枝型增殖，因为不存在顶端优势，有时不加细胞分裂素或在0.1mg/L以下也可。

但在天南星科植物如万年青、花叶芋、红掌、绿巨人、绿霸王等的组织培养中，愈伤组织的诱导和丛芽的增殖都需要6-BA 2~3mg/L，甚至5mg/L的浓度。在香蕉、粉蕉的组织培养中也使用高浓度的6-BA。但浓度不宜过高，否则器官分化能力下降，且使遗传变异增加。

②生长素类：一般双子叶植物要求较低的浓度，如果浓度高会抑制芽的形成。如NAA使用的浓度，秋海棠为0.2mg/L，菊花0.2~1.0mg/L，月季0.01~0.2mg/L，倒挂金钟0.5~1.0mg/L。

单子叶植物要求较高，如朱蕉2,4-D 2.0~3.0mg/L，萱草2,4-D 2.0mg/L，水仙NAA 15.0mg/L，虎尾兰属植物NAA 6.0~10.0mg/L。

③赤霉素：可能参与细胞的增殖，促进芽的形成和生长。在菊属、拟南芥属植物中，加入GA_3可促进芽的分化，是因为其内源GA_3水平低；在烟草、秋

海棠和水稻的组织培养中，对茎芽的分化有抑制作用，特别是在类分生组织时期最为明显。如烟草正在分化的愈伤组织在黑暗条件下，GA_3 处理 30~60min，减少芽的分化，48h 后所有的类分生组织或茎芽消失。

④脱落酸：ABA 能部分克服烟草中 GA_3 引起的对芽形成的抑制作用，红薯中加入 ABA 能促进芽的分化，可能是其内源 GA_3 超过了阈值。

其他培养基组分和附加成分也有影响。如烟草培养中，PO_4^{3-} 可以抵消 IAA 对芽的抑制作用，无论腺嘌呤或 KT 存在与否都能促进器官的分化；水解酪蛋白能提高 KT 诱导芽分化的作用，特别是当 IAA 浓度高时，酪氨酸可代替水解酪蛋白的作用。

（2）改善培养条件　试管苗增殖与培养条件如温度、光照、湿度和培养基的 pH 等，需要进行控制，以促进繁殖。

①温度：不同植物增殖的最适温度不同，大多采用（25±2）℃的温度。一般低于 15℃时，培养的组织生长出现停滞，而高于 35℃对生长也不利。促进芽形成的温度略低，如烟草芽形成以 18℃最好，12℃以下、33℃以上成芽率均低。增殖苗的温度一般是恒温，也有昼夜变温下生长效果比恒温好的，如百合。在考虑某种培养物的温度要求时，也应考虑原植物的生态环境所处温度条件，如松树一般生长在较高的海拔及较低的温度环境，在较高温度的培养条件下其试管苗生长变慢，有人采用 2~3 个月的模拟冬天的低温环境，又使生长恢复。温度预处理也对试管苗增殖有影响。高温处理不仅可获得无病毒植株，也影响器官发生。草莓的茎尖分生组织经 38℃处理 3~5d，提高了无病毒茎尖分生组织的成活率。天竺葵一个品种分别用 10℃、20℃和 30℃等不同温度处理 1~4 周，培养 8 周后，以 10℃处理的茎尖繁殖数最高，20℃处理的其次，30℃处理的最差。在木本植物的胚培养中，发现胚在 2~5℃条件下进行一定时间的低温处理，有利于提高成活率，如桃。

②光照：光对试管苗生长增殖也有明显影响，表现在光照和光周期等方面。光照强度对细胞、组织的增殖和器官的分化的研究尚少，因此看法不一致。在一些植物（如荷兰芹等）的组织培养中，发现器官形成不需要光；而另一些植物（如菊芋、卡里佐枳橙）的组织培养中，则发现光对器官的形成有重要作用。据报道用黑暗、2200lx 和 5700lx 等不同光照处理卡里佐枳橙的茎尖培养，茎尖分化新梢数随着光照强度增加而增加，分别增加 153.8% 和 238.5%。吴绛云发现光照对黑穗醋栗幼苗的增殖有显著促进作用。而王际轩等培养苹果砧木的芽，通过暗培养产生黄化苗，明显提高了茎尖增殖率。关于光周期，试管苗的增殖与分化，许多研究者都选用一定光周期来培养，最常用的光周期是 16h 光照，8h 黑暗。有人发现菊芋块茎器官的分化，每天 1h 600lx 光照有促进，到 12h 达最高限度，再增加则无作用。曹孜义等用连续光照培养葡萄试管苗，绝大多数

品种可加快苗的增殖，而且苗生长健壮。王永明发现一月以上每日10h以下光照，会使部分苗生长停止和封顶，若延长至12~16h，则可消除。如果诱导试管内花的形成，那日照长短则是一个重要因素。

③湿度：培养容器内的相对湿度几乎可达100%，而环境中的湿度会影响培养基湿度。培养室湿度太低，培养基易失水、干裂，影响苗生长；湿度过高会造成杂菌滋生，导致大量污染。一般要求在70%~80%的相对湿度，过低应洒水，过高应通风除湿。

④pH：试管苗的增殖都需要一定的pH。如果pH不适，则直接影响试管苗对营养物质的吸收，从而影响生长和繁殖。除特殊要求外，一般培养基pH都在5.6~6.0。

⑤渗透压：培养基中由于有添加的盐类、蔗糖等化合物，因而影响渗透压的变化。通常0.1~0.2MPa对植物生长有促进作用，0.2MPa以上就对植物生长有阻碍作用，而0.5~0.6MPa植物生长就会完全停止，0.6MPa植物细胞就不能生存。

⑥气体：试管苗生长和繁殖需要氧气。进行固体培养时，如果瓶塞密闭或将芽埋入培养基会影响生长和繁殖。液体培养，则需进行振荡和旋转或浅层培养以解决氧气供应。试管苗增殖培养时，应注意避免有害气体的进入，如SO_2、乙烯等。

4. 继代培养中分化能力下降的因素及解决措施

在植物组织继代培养中，有些植物种类能良好地继代，如马铃薯、非洲紫罗兰、香石竹、菊花和花叶芋等，而另外一些则不能，如杜鹃、瑞香、大蒜等，分化能力衰退。主要原因及对应措施有：

（1）生理原因　培养过程中逐渐消耗了母体中原有与器官形成有关的特殊物质，不同植物保持分化能力差异很大。加入腺嘌呤或酪蛋白等物质后，器官分化的能力可得到一定的恢复。

（2）遗传因素　继代培养中常出现染色体紊乱，特别是器官发生型，继代培养中分化能力的丧失与倍性不稳定有关。对策：尽量利用丛芽增殖或胚状体增殖的途径，如果要利用器官发生型代数一定要少，并要检查培养物的倍性情况。

（3）植物材料的影响　繁殖能力，一般是草本植物>木本植物，被子植物>裸子植物，年幼树>老年树，刚分离组织>已继代组织，胚>营养体组织，胚状体>芽>愈伤组织。

（4）培养基及培养条件　Bhojawani和Hayward发现，在B_5上培养的小麦愈伤组织只大量地生根而不分化芽，通过在培养基中附加天冬酰胺2000mg/L，黑暗培养时，4~6个月瓶中分化出大量的小苗；水仙鳞片基部再生子球的继代培养中，加活性炭的再生子球比对照要高出一到几倍。桉树继代培养中发现如果总在23~25℃下培养，芽会逐渐死亡；但如果先在15℃下培养3d，再转至25℃

下则可继代。

（5）继代培养的时间长短　有的材料经过长期的继代培养可基本保持原来的再生能力和增殖率，如葡萄、月季、倒挂金钟等。有的经过一定时间继代培养后才能有分化再生能力，如沙枣愈伤组织继代培养 6 次后才分化出芽。有的随继代培养时间的加长分化再生能力下降，如杜鹃在第 4~5 代培养，虽用光照或提高生长素浓度可减慢下降的速度，但无法阻止。

（6）季节的影响　如球根类植物组织培养繁殖和一些植物胚培养时，继代不能增殖，可能是其进入了休眠。对策：可通过加入 GA_3、NAA 或低温处理，如唐菖蒲在 MS 培养基上得到的球茎，转入 1/2MS 上，增加 NAA 用量，可防止继代中的休眠。

（三）生根培养

当材料增殖到一定数量后，就要使部分培养物分流到生根培养阶段。若不能及时将培养物转到生根培养基上去，就会使久不转移的苗子发黄老化，或因过分拥挤而使无效苗增多造成抛弃浪费。根培养是使无根苗生根的过程，这个过程目的是使生出的不定根浓密而粗壮。

生根类型主要有试管内生根、试管外生根和微芽嫁接 3 种。

1. 试管内生根

（1）根的发生过程　离体培养根的发生都来自不定根，根的形成可分为两个阶段。

①形成根原基，细胞分裂能被生长素促进。

②根原基的伸长及生长，可在没有外源生长素下实现。一般从根的诱导至开始出现不定根时间，快的只要 3~4d，慢的则要 3~4 周。

（2）试管内生根类型　此生根类型又分为直接接种于生根培养基中；试管新梢基部浸入 50 或 100mg/kg IBA 溶液中处理 4~8h 后，接种到无生长调节剂培养基中；生根培养基上培养一段时间（2~10d）后，转入无激素培养基中。后两种方法对新生根的生长发育更为有利，而第一种对幼根的生长有抑制作用，原因是当根原始体形成后，较高浓度生长素的继续存在，不利于幼根的生长发育。但仍然以第一种普遍。

也可采用下列方法生根。一是延长在增殖培养基中的培养时间；二是有意降低一些增殖倍率，减少细胞分裂素的用量（即将增殖与生根合并为一步）。

另外少数植物生根比较困难时，则需要在培养基中放置滤纸桥，使其略高于液面，靠滤纸的吸水性供应水和营养，从而诱发生根。

（3）影响生根的因素

①材料本身：一般乔木<灌木，木本植物<草本植物，成年树<幼年树。

②培养基：通常 1/2MS 或 1/3MS，琼脂浓度下降至能支持小苗生长为度。

许智宏等在无籽西瓜生根中发现，MS、1/2MS、1/2MS 无机盐加铁盐，降低无机盐浓度有利于生根，加铁盐效果更好。水仙的小鳞茎在 1/2MS 下才生根。有利于生根的元素有 P、K、Ca、B、Fe，NH_4^+ 多不利于生根过程。有利于生根的物质有活性炭、核黄素、间苯三酚（适用于蔷薇科植物）。

③植物生长调节剂：生长素都能促进生根，以 IBA、NAA 使用较多，GA_3、细胞分裂素、乙烯通常不利于生根，ABA、油菜素内酯有助于生根。

④继代培养的时间：新梢生根能力随继代时间增长而生根能力增加。如杜鹃茎尖培养中，随培养次数的增加，新梢生根数量逐渐增加，至第 4 代最高，达 100%；苹果“红玉”试管新梢经过 9 次继代培养生根率可达 95%；“元帅”需要经过继代 3 年才能生根。

⑤光照：一般认为生根不需要光。如毛樱桃新梢转入 1/2LS 附加 0. 1mol/L NAA 经过 12d 的暗培养，比不经过暗培养的生根率提高 20%。

2. 试管外生根

为提高试管苗的生根和移栽成活率，针对某些植物种类在试管中难以生根或根系发育不良、吸收功能极弱、移栽后不易成活的特点，同时为了缩短育苗周期，降低生产成本，在现有的生根和驯化程序进行了改进，产生了试管苗瓶外生根技术。如将杨树、桦木和其他阔叶树试管繁殖的嫩梢，直接栽入泥炭和蛭石基质中，可很快生根，且成活率较高。

（1）试管外生根的特点　所谓试管外生根，就是将组织培养中茎芽的生根诱导同驯化培养结合在一起，直接将茎芽扦插到试管外的有菌环境中，边诱导生根边驯化培养。试管外生根将试管苗的生根阶段和驯化阶段结合起来，省去了用来提供营养物质并起支持作用的培养基，以及芽苗试管内生根的传统程序。

但是，实验中很多植物瓶外生根的生根率比瓶内生根率略低。其主要原因为试管苗从无菌状态的高温、高湿、弱光的环境过渡到有菌状态的自然条件，一些弱苗、小苗因不适应环境条件的变化而导致死亡。因此采取试管外生根模式一定严格控制幼苗质量和环境因素。

试管苗瓶外生根与瓶内生根后移栽相比成活率可显著提高，其主要原因为：在培养基上诱导形成的根与芽茎的输导系统不同，或者根细小、无根毛，发育不良，且生根试管苗的根系一般无吸收功能或吸收功能极低，气孔不能关闭，开口过大，叶片光合能力低等原因造成试管苗容易死亡；瓶外生根苗避免了根系附着的琼脂造成的污染腐烂，且根系发育正常健壮，根与芽茎的输导系统相通，吸收功能较强，并且试管苗瓶外生根在生根过程中即已逐步适应了环境，经受了自然环境的锻炼，容易成活。

（2）影响试管外生根的因素

①生长素：生长素在植物的组织培养中，起着促进生根的作用。生长素不

仅有利于根原基的诱导，还有利于不定根的生长，但过高的生长素也会抑制根原基的生长，进而影响根的伸长。一般根原基的启动和形成阶段生长素起着关键作用，而根原基的伸长和生长则可以在没有外源生长素的条件下实现。试管外生根就是基于上述原理，在生根的起始阶段采用高浓度的生长素刺激根原基的形成，而在根原基的伸长阶段撤掉生长素，解除其抑制作用。因此生长素的存在对试管苗瓶外生根是必需和必要的，如牡丹丛生芽在试管外生根时，只有体内BA水平下降、IAA水平升高后才有利于不定根的形成。

②试管苗的质量：不同的植物、不同的基因型、不同的幼化程度对分化不定根均有决定性的影响。一般木本植物比草本植物难，只有多次继代后才能生根，且年龄越小生根越容易，另外生长旺盛健壮的苗也较生长细弱的苗生根力强。因此，通过多次继代，并采用半木质化、叶片肥厚、茎秆粗壮的无根苗可获得较高的生根率。

此外，无根试管苗在进行瓶外生根前，一般要进行炼苗过程。经过锻炼的试管苗，叶片抗蒸腾作用和适应能力增强，光合性能显著提高，适应外界环境的能力增强，因此生根成活率提高。

③生根方式：试管苗瓶外生根大多采用微体扦插法进行，即将无根苗切下，经过生长素处理后，扦插到基质中，进行保湿管理，来完成试管苗的生根。微体扦插基质一般采用既透气又保湿的基质，如苔藓、蛭石、珍珠岩、泥炭等，不同植物要求不同。此外，试管苗还可进行气培生根和水培生根。

在试管外生根的具体操作中，应根据不同植物的种类、生根的难易、继代的次数来决定采取何种方式。

④环境条件：瓶外生根过程中的湿度、温度和光照条件是获得成功的关键因素。试管苗一般生长在高湿、弱光、恒温的条件下进行异养生活，出瓶后若不保湿，极易失水萎蔫死亡。因此，试管苗在进行瓶外生根时，必须经过由高湿到低湿、由恒温到自然变温、由弱光到强光的分步炼苗过程。在试管外生根前期需采取覆膜或喷雾等方法，保证空气相对湿度达到85%以上，温度起始阶段则控制在20℃左右较为适宜，并及时增加光照，以保证幼苗基部的正常呼吸，并防止叶片失水萎蔫，增强其光合作用的能力。在试管外生根后期则需加强通风，以逐渐降低湿度和温度，增强幼苗的自养能力，促进叶片保护功能快速完善，使气孔变小，增强抗性以及适应外界环境条件的能力，提高生根成活率。

温度、光照、基质水分和空气湿度的平衡是获得较高生根率的保证。在影响瓶外生根的环境因子中，最重要的是温度，其次是基质水分和湿度，最后是光照，在具体操作中应注意平衡。

（3）试管外生根的技术　有些植物种类在试管中难以生根，或有根但与茎的维管束不相通，或根与茎联系差，或有根而无根毛，或吸收功能极弱，均导致移栽后幼苗不易成活，这就需要采用试管外生根法。试管外生根的方法主要有以下四种：

①在试管内诱导根原基后再移栽：首先从继代培养获得的丛生芽中剪取1~3cm长且生长健壮的小芽，转入生根培养基中培养一段时间（2~10d），待嫩茎基部长出根原基后再取出栽入营养钵中，一般5~6d后即可自行生根，此根系一般具有根毛，且吸收功能好。该方法不仅移栽简便、易行且不伤根、成活率高，而且缩短了生产周期又便于贮运。

②在生根小室进行生根和炼苗：首先做一个生根小室，采用透气又保湿的基质如泥炭、蛭石、珍珠岩、苔藓等代替琼脂培养基，采用生根营养液代替蔗糖等营养成分，并人工控制温度、光照和湿度。一般采用人工喷雾，雾滴要求细，以提高空气湿度，又不致使叶面有水滴流出。然后剪下长1~3cm且生长健壮的嫩茎转入生根小室，一般经3~4周的培养，即可产生发育良好，具吸收功能的根。此后再栽入温室，可提高成活率，如杜鹃花。

③盆插或瓶插生根法：采用罐头瓶或盆为容器，内装泥炭或腐殖土与细沙，每瓶插入10~30株无根壮苗，插入深度为0.3~1.2cm，加入生根营养液，在一定的温度、湿度及光照条件下进行培养，约20d即可长出新根，约30d后待二级根长至8~12cm时即进行移栽，可提高成活率。

④在智能化苗床进行生根和炼苗：在组织培养试管苗时，还可将无根苗采用快繁计算机智能系统及技术进行试管外生根，不经试管内生根培养即可促使试管苗生根后再移植，可降低成本、提高工效。如中华猕猴桃试管苗移栽时，可将2cm高的芽从培养基里取出，用IBA浸泡茎基部2~3h，然后培养于智能苗床中，15~20d即能生根，生根率最高可达75%。

3. 微芽嫁接

微芽嫁接是指试管新梢不经过生根，嫁接到砧木上。

从胚状体发育成的小苗，常常有原先已分化的根，这种根可以不经诱导生根阶段而生长。但因经胚状体途径发育的苗数特别多，并且个体较小，所以也常需要一个低浓度或没有植物激素的培养基培养的阶段，以便壮苗生根。因此直接将试管新梢嫁接到砧木上，降低了因苗数多造成的畸形苗数目，减少了因植物激素的调节带来的生产工序的烦琐。

二、试管苗驯化移栽

当试管苗繁殖到一定数量，需将生根苗移到温室内驯化，经过一段时间的锻炼，试管苗逐步适应外界环境后，再移栽到疏松透气的基质中，加强管理，注意控制温度、湿度、光照，及时防治病害，生根成活后即可用于生产。

试管苗移栽是组织培养过程的重要环节，为了使试管苗适应移栽后的环境并进行自养，必须有一个逐步锻炼和适应的过程，这个过程叫驯化或炼苗。驯化的目的在于提高试管苗对外界环境条件的适应性，提高其光合作用的能力，促使试管苗健壮，最终达到提高试管苗移栽成活率的目的。为了做好试管苗的驯化移栽，应该选择合适的基质，并配合以相应的管理措施，才能确保整个组织培养工作的顺利完成。

（一）试管苗的生长环境和特点

试管苗长期生长在培养容器中，与外界环境隔离，形成了一个恒温、高温、高湿、弱光、无菌的独特生态环境。

1. 试管苗的生长环境

（1）恒温　在试管苗整个生长过程中，常采用恒温培养，即使某一阶段稍有变动，温差也是极小的。而外界环境中的温度由太阳辐射的日辐射量决定，处于不断变化之中，温差较大。

（2）高湿　组织培养中培养容器内的水分移动有两条途径，一是试管苗吸收的水分，从叶面气孔蒸腾；二是培养基向外蒸发，而后又凝结进入培养基。循环的结果会使培养容器内相对湿度接近于100%，远远大于培养容器外的空气湿度。

（3）弱光　组织培养中采取人工补光，其光照强度远不及太阳光，组培苗生长较弱，移栽后经受不了太阳光的直接照射。

（4）无菌　试管苗所在环境是无菌的。不仅培养基无菌，而且试管苗也无菌。在移栽过程中试管苗要经历由无菌向有菌的转换。

2. 试管苗的特点

（1）试管苗生长细弱，茎、叶表面角质层不发达。

（2）试管苗茎、叶虽呈绿色，但叶绿体的光合作用较差。

（3）试管苗的叶片气孔数目少，活性差。

（4）试管苗根的吸收功能弱。

（二）试管苗的驯化

试管苗从试管内移到试管外，由异养变为自养，由无菌变为有菌，由恒温、高湿、弱光向自然变温、低湿、强光过渡，变化十分剧烈。驯化应从温度、湿度、光照及有无菌等环境要素进行，驯化开始数天内，应和培养时的环境条件相似，驯化后期，则要与移栽的条件相似，从而达到逐步适应的目的。

驯化的方法是将培养试管苗的容器带封口材料移到温室，开始保持与培养室比较接近的环境条件，适当遮光，提高湿度，以后逐渐撤除保护，使光照条件接近生长环境，然后松开并去除封口材料，使试管苗逐步适应环境条件。驯化成功的标准是试管苗茎叶颜色加深，根系颜色由黄白色变为黄褐色并延长。

(三)试管苗的移栽

1. 移栽基质

移栽基质要疏松、透水、通气，有一定的保水性，易消毒处理，不利于杂菌滋生。一般来说，无土栽培所用的基质均可用于试管苗的移栽，常用泥炭土、蛭石、珍珠岩、粗沙、炉灰渣、谷壳、锯木屑、腐殖土、水草等。要根据植物种类的特性，将它们以一定的比例混合使用，这样才能获得满意的栽培效果。应用最多的例子是取蛭石和泥炭土按 1∶1 混合。

试管苗生长的环境是无菌的，为了防止微生物的侵染，要在移栽前对基质进行消毒。一般用1%高锰酸钾溶液消毒，也可用50%多菌灵等杀菌剂或高温处理。管理过程中浇水不要过多，过多的水应迅速沥除，以利根系的呼吸。

2. 移栽方法

(1) 常规移栽法　将驯化后的小苗取出，用清水洗去附着于根部的培养基及琼脂，要轻拿轻放，尽量减少对根系和叶片的伤害。用 600~800 倍 50%多菌灵溶液浸泡消毒 5min，然后移栽到混合基质中。栽植深度适宜，不要埋没叶片，也不要弄脏叶片。移栽后要浇一次透水，但不能造成基质积水而使根系腐烂。保持一定的温度和水分，适当遮阴。当长出 2~3 片新叶时，就可将其移栽到田间或盆钵中。这种移栽方法适合草莓、百合、非洲菊、马铃薯等多数植物。

(2) 直接移栽法　这是直接将试管苗移栽到盆钵的方法。这种移栽方法适合于凤梨、万年青、花叶芋、绿巨人等温室盆栽植物，它们的盆栽基质较好，有进行专业化生产的温室条件，随着植株的生长，逐渐换大号的花盆。

(3) 嫁接移栽法　这是选取生长良好的同一植物的实生苗或幼苗作砧木，用试管苗做接穗进行嫁接的方法。嫁接移栽法与常规移栽法相比具有移栽成活率高，适用范围广、所需时间短、有利于移栽植株的生长发育等许多优点。

3. 移栽后的管理

试管苗移栽到适宜的基质后，要注意控制温度、湿度、光照和洁净度等环境条件，满足试管苗生长的最适要求，促使小苗尽早定植成活。

(1) 温度　花叶芋、花叶万年青、巴西铁树、变叶木等喜温植物，以 25℃左右为宜；文竹、香石竹、满天星、非洲菊、菊花等喜冷凉的植物，以 18~20℃为宜。温度过高会导致蒸腾作用加强、水分失衡以及菌类滋生等问题；温度过低使幼苗生长迟缓或不易成活。如果有良好的设备或配合适宜的季节，使介质温度略高于空气温度 2~3℃，则有利于生根和促进根系发育，提高成活率。采用加温生根箱种植试管苗，也可以取得更好的效果。

(2) 适宜的湿度　试管苗茎叶表面几乎没有防止水分散失的角质层，根系也不发达或无根，移栽后很难保持水分平衡，即使根的周围有足够的水分也不行。必须提高空气相对湿度，尽量接近培养容器中的条件，减少试管苗叶面蒸腾作用，使小苗始终保持挺拔的姿态。尤其在移栽最初的3d内，保持90%~100%的相对湿度，比基质中的水分更重要。以后适当通风，逐渐降低湿度，防止病虫害的发生。

（3）光照　试管苗移栽后要依靠自身的光合作用来维持生存，需提供一定的自然光照。光照不能太强，以漫射光为好，初期控制在2000~5000lx，后期逐渐加强。光线过强会使叶绿素受到破坏，引起叶片失绿、发黄或发白，使小苗有灼烧伤害，引起大量死苗。

（4）洁净度　试管苗原来的环境是无菌的，移栽后要保持环境清洁，减少杂菌滋生，保证试管苗过渡成活。除栽培基质要预先灭菌外，还要在喷雾或浇水时，适当使用一定浓度的百菌清、多菌灵、甲基托布津等杀菌剂，可以有效地保护幼苗，预防病虫害发生。

在试管苗养护管理过程中，应综合考虑各种生态因子的相互作用，如光照与温度、湿度与通气。还有最重要的一点，就是管理人员的责任心。各种环境因子会随时、随地发生变化，只有认真负责、精心养护，才能及时调节各种变化中的生态因子，为试管苗提供最佳的生长环境。在植物组织培养中，移栽是最后，也是非常重要的一个环节，移栽成活率的高低与经济效益密切相关。因此，在优化移栽技术的基础上，还要强化管理技术。

（四）提高试管苗驯化移栽成活率的措施

1. 试管苗驯化移栽成活率低的原因

（1）内因　主要有植物种类与试管苗的质量。不同种类的植物，移栽成活率不同，如菊花、薰衣草试管苗对移栽的条件要求不高，容易成活；而仙客来试管苗对移栽的条件较苛刻，稍不小心，就会引起大量死亡。此外，试管苗细长、黄化、根系发育不良，移栽时极易死亡。而试管苗叶片浓绿、茎粗壮、根系发达及长势好则容易成活。

（2）外因　主要有环境条件、管理措施及管理人员的责任心。如基质湿度过大引起烂根或水分不足使小苗萎蔫；温度过高加上高湿极易引起烂苗和烂根，温度过低则使组培苗根系生长缓慢，形成僵苗，同时低温也会直接造成幼苗死亡；此外，光照过强易引起苗过度失水而死亡等。

有些管理人员技术水平低、责任心不强、管理粗放，也容易降低试管苗移栽的成活率。

2. 提高试管苗驯化移栽成活率的措施

（1）有针对性地调整培养基配方，改善培养条件，努力提高组培苗质量。

（2）及时出瓶驯化，避免组培苗老化。操作过程应极力避免损伤试管苗的根和叶。无根或根系不发达的小苗要在基部醮取生根粉或生长素溶液，以尽快促进生根。

(3) 改善过渡培养的环境条件，有条件的单位可采用自控温室，并配合喷灌，能极大提高移栽成活率。

(4) 选择恰当的种植介质，要求疏松、保水和保肥，易灭菌。

(5) 对栽培基质进行灭菌或喷洒杀菌剂溶液，可防止滋生大量杂菌扼杀试管苗。

(6) 保持试管苗的水分供需平衡。通过覆膜、遮光等措施提高环境中的相对湿度，降低蒸腾失水，避免强日照对叶片的灼伤，使小苗保持挺拔姿态，以保证正常的各种生命活动。

(7) 加强肥水管理和病虫害防治。

综上所述，组培苗的驯化移栽要非常认真负责，注意保持水分平衡，选择适宜的介质，控制适宜的光、温、气、湿等条件，随时观察天气变化和小苗生长状况做出适当的调整。此外，防止大量杂菌的滋生，及时对病虫害进行防治。总之，应采取灵活而有效的管理措施，提高移栽试管苗的成功率。

单元三 试管苗增殖率的估算

由于试管苗在接近理想的条件下生长分化，已不受季节的限制，并且有人为提供的外源植物激素的促进，增殖的速度是很快的。在生长分化中经过几个周期的培养通常按接种的繁殖体块数，或按培养瓶计算，看看能得到多少块中间繁殖体，或得到了多少瓶繁殖体，这两种方法都比较准确。但不能简单地按接种1个芽，培养后能数出多少个芽来，或按应能再切出多少块供再接种的材料来计算。

有了每一周期（从接种当天到再次可供接种的当天）需要多少天，每一周期每一瓶能接种多少瓶，（每周期都能稳定地达到）每瓶有多少苗，这几个基本数字，就可以根据几何增加的原理，计算出年繁殖数的理论值。

试管苗增殖率的估算多以芽或苗为单位，原球茎或胚状体难以统计，多以瓶为单位。试管苗理论值计算公式为：

$$Y = mX^n$$

Y 为年繁殖数；m 为无菌母株苗数；X 为每个培养周期增殖倍数；n 为全年可增殖的周期数，$n = 365/$每一周期的天数。

如香蕉每4周转接一次，每次增殖倍数为3，一年中可繁殖10代，如果现有1个芽繁殖块，那么年繁殖数为 $1 \times 3^{10} = 59049$。

从这一公式可以看出，培养周期愈短、每次增殖的倍数愈高，年增殖总倍数就愈高。只要每年能增殖 8~10 次，每次增殖 3~4 倍以上，就可以满足快速繁殖的要求。

如果从 100 瓶开始，每瓶有 10 株苗，那么即使每次增殖 3 倍，每次 45d，一年可增殖 8 次，年底也可达 56 万瓶，即 560 万株苗，许多植物都远远超过这一数值。

当然这是理论值，会受到许多因素的制约。例如污染就是其中主要因素之一，另外还有设备和人力的规模与容量的限制，比如培养用的瓶子就不可能成几何级数地增加。接种、做培养基的工人也不可能如此增加，因此，这个理论数字是难以达到的。

但在条件、规模具备的情况下，还是有可能做到的，如某试管苗工厂，年生产并种植成活 310 万株苗，最多时工人没有超过 20 人，平均每人每年做出十几万株苗。在设备比较好的条件下，2 名工人每天生产 300~500 株苗还是能应付自如的，则 1 年生产出 8~10 万株苗是完全可能的。

知道一年的繁殖周期数，每周期繁殖的倍数，就能确定每种植物快速繁殖所需要的起始原种苗数。$m=Y/X^n$。如香蕉快速繁殖中，已知一年中繁殖周期数为 10 代，每代增殖的倍数为 3，如果要完成 20 万苗的任务，需要的无菌原种苗数为 $m=200000/3^{10}\approx3.4$，如果考虑到污染和一些次苗，成活率打折扣，把保险系数加大一倍，应有 7 个原种苗。

单元四　快速繁殖工作的计划安排

快速繁殖工作的计划安排要根据市场的需求，根据组织培养试管苗的增殖率和生产种苗所需的时间来确定。

1. 生产计划的制定

生产计划的制定依据是市场对试管苗的种类、品种及数量的需求及趋势，实验室具备的生产条件和规模。制定生产计划，虽不是一件很复杂的事情，但需要全面考虑、计划周密、工作谨慎，把正常因素和非正常因素都要考虑进去。因此制定生产计划必须注意以下几点：①对各种植物的增殖率应做出切合实际的估算；②要有植物组织培养全过程的技术储备；③要掌握或熟悉各种组培苗的定植时间和生长环节；④要掌握组培苗可能产生的后期效应。

制定某种植物组培生产计划，应根据市场需求，各种植物都有一定的需求量，但是用苗的时间和用苗的量却不统一。每年的春夏秋冬季节都有定植时间，用量各不相同，外植体来源季节也不同。

制定全年组培生产计划：一个植物组织培养种苗工厂，应能生产当地适用、适销的各种各样的植物种苗，并且全年生产，全年供应。

全年生产量=全年出瓶苗数×炼苗成活率

例如某实验室培养多种植物，平均增殖周期为35d，按要求必须在42d全部更新一次培养基。那么你掌握的处理继代操作的能力，在35~42d内能处理多少瓶，架子上增殖的瓶数就不应超过这一数字。假定你自己整天可做接种工作，平均每天取用30瓶母种，转接成100瓶，其中30瓶为增殖用，以维持母株的瓶数，另70瓶用于生根。在35~42d内有30~36个工作日，那么几项数字计算如下：

存架增殖总瓶数 T=30×30或30×36即：T=900或1080（瓶）。

增殖与生根比例为3∶7，每天出瓶700苗（70瓶），全年出瓶苗数（P）=300（工作日）×700×（1−损耗率10%）= 210000（株）×90%=189000（株）。

全年实产成活幼苗数：189000×85%（移栽成活率）= 160650（株）。

如果生根需2~3周，那么生根阶段的瓶子存架数也可算出（2~3周内有12~19个工作日）：12×70或19×70，即840~1330瓶。

在1个人全力接种的条件下，需培养架4个左右。提高利用率的最好办法是加强周转。

再如因时间和条件都有限，你要抓紧制作培养基和进行高压灭菌，然后利用比较集中完整的一段时间，摆上自制的无菌接种箱做接种操作。如在40d的周期内总共可做6次接种，每次处理增殖好的材料10瓶，接种到35瓶，其中10瓶仍维持增殖，余下的25瓶使幼苗生根，那么上述几项数字计算如下：

存架增殖总瓶数：T=10×6=60（瓶）；

增殖与生根的比例为：10∶25即1∶2.5；

每次25瓶，40d内接种6次：6×25=150（瓶）；

全年出瓶苗数：40d周期做9个大周期（365/40≈9.1），每40d中接种6次150瓶，全年可得：9×150=1350（瓶），若每瓶10株，全年可得13500株。扣除污染和生根不良的弱苗约10%，应可有12150株；

全年实产成活苗数：12150×85%（成活率）≈10327（株）；

存架生根苗总瓶数：如苗子能在3周内生根，需占用75瓶，在4周内生根则要占用100瓶。

在总体设计上当然要计划安排出幼苗出瓶种植的工作量。但是一个生产体系效率高不高，接种工序影响最大，是试管繁殖中最核心的技术，目前世界各地都还处于手工操作阶段，短期内不太容易实现自动化。每个操作工1d最大工作量为200个培养容器，每容器接种10株。已有许多研究者着手开发实现接种操作的自动化（机器人接种），可见需求之迫切。

2. 生产计划的实施

生产计划实施的步骤为：

（1）准备繁殖材料　繁殖材料必须是来源清楚、无检疫性病害、无肉眼可见病毒症状、具有典型品种特性的优良单株或群体。当外植体增殖形成5~10个繁殖芽时，需及时进行品种危害性病毒检测，淘汰带病毒材料。

（2）合格繁殖材料的快速增殖　当其增殖达到所需基数后，存架增殖总瓶数的控制就成为影响试管苗效益的关键因素。存架增殖瓶数过多，易产生人力和设备不足，增殖材料积压并老化，影响出瓶苗质量和移栽成活率，增加生产成本；反之则造成母株不足，延误产苗时期，不能完成生产计划，造成经济损失。

存瓶增殖总瓶数=月计划生产苗数/每个增殖瓶月可产苗数

月计划生产苗数=每个操作人员每天可接苗数×月工作日×人员数

控制试管苗增殖总瓶数，可一个周期内全部更新一次培养基，还可计算生产过程中需投入的人力，保证商业化生产顺利进行。

植物的快速繁殖也应推行有效的管理办法，以迅速提高生产效率。比如，按植物类型不同，无菌操作复杂程度不同，分别试定出工作的质量与数量标准，对从事操作的人员给予短期严格训练，挑选优秀的人员固定在岗位上，同时给予有吸引力的报酬。接种环节加速了，其他环节的运转也自然被带动起来。

小结

植物组织培养是一种无菌技术，要求整个操作过程，一切用具、材料、培养基、培养室、工作人员的衣物都要无菌，工作人员在操作过程中也要遵守无菌操作的规程。认识各类灭菌剂，掌握其性质及使用方法，通过在超净工作台上进行无菌操作掌握组织培养的无菌操作技术，是进行组织培养过程的首要技能。

一个完整的植物组织培养过程一般包括准备阶段、外植体选择与消毒、初代培养、继代培养、生根培养和驯化移栽六个过程。在植物组织培养过程中，根据不同的培养目的，选择适当的植物组织外植体进行消毒，在人工控制的条件下，利用无性生殖原理，通过细胞的增殖和分化，快速发育成新植株。

植物组织培养过程是一个非常缜密的生产过程，要根据市场的需求和种植生产时间来制定全年生产任务。制定合理的工作计划和对生产苗木的增殖率正确的估算，是植物组织培养的市场化重要组成部分。

技能部分

技能

百合种球的消毒接种

技能目标

1. 通过百合种球的消毒接种，掌握外植体消毒的基本流程。
2. 掌握无菌操作的要点。

一、训练前准备

1. 试剂

95%酒精，吐温-80，0.1%$HgCl_2$，无菌水。

2. 仪器、用具

超净工作台，烧杯，镊子，无菌瓶，废液瓶，解剖刀，酒精灯，标签。

二、方法步骤

1. 外植体选择与处理

选择生长健壮、无病虫害、开花性状良好的母株，取其饱满鳞茎作为外植体，将采集来的外植体先用0.3%的洗衣粉水浸泡10min，再用流水冲洗30min。

2. 外植体消毒与接种

将采集来的外植体先用0.3%的洗衣粉水浸泡10min，再用流水冲洗30min，然后在超净工作台内用75%的酒精浸泡30s，再用0.1%的$HgCl_2$消毒8~12min，最后用无菌水冲洗3~5次。冲洗完毕后，将鳞片切割成0.5~1.0cm见方的小块，迅速接种于诱导培养基中。每1种诱导培养基内，鳞片内表面向上和向下接种的外植体数量各占一半。

三、作业

(1) 写出实验报告。
(2) 选择外植体时应注意哪些事项？
(3) 外植体消毒接种流程有哪几步？

思考与练习

1. 植物组织培养技术主要包括哪些环节？各环节的主要工作内容是什么？

2. 植物组织培养过程中涉及的无菌操作环节有哪些？应如何避免杂菌的污染？

3. 在试管苗增殖率的估算中，如何计算繁殖的增殖率？

4. 制定一个组培苗工厂化生产的年生产计划应注意哪些因素？

项目四
器官培养

知识目标

1. 一般掌握胚胎培养、根培养、花器和种子培养方法。
2. 熟练掌握茎尖、茎段、叶片的培养方法与注意事项。
3. 掌握污染、褐化和玻璃化等组织培养常见问题产生的原因及其调控方法。

能力和技能目标

1. 能够根据不同植物的种类选择合适的外植体进行启动培养。
2. 能够对外植体准确修整和进行有效消毒。
3. 熟练进行营养器官等的离体培养。
4. 能够采取有效措施解决污染、褐化和玻璃化等常见问题。

思政育人目标

培养创新创业的精神和意识。

优秀校友推介

王青的成才之路

王青，女，博士，2001 年 9 月—2004 年 7 月，就读于山东滨州职业学院园林花卉专业。为了实现自己继续深造的人生梦想，她积极乐观，勤奋进取，2004 年 9 月通过专升本考入青岛农业大学农学专业，于 2006 年 7 月获得农学学士学位；2006 年 9 月考取西北农林科技大学，学习作物育种，2009 年 7 月获得农学硕士学位；由于品学兼优，2010 年 10 月考取德国吉森大学，以公派留学生身份学习植物育种，2015 年 4 月获得该校农学博士，现任教于南京农业大学农学院。

理论部分

植物器官培养主要是指包括离体的根、茎、叶、花器和果实、种子、胚等的无菌培养。以器官作为外植体进行离体培养的植物种类最多，应用的范围也最广，它是植物组织培养中最主要的一个方面。植物器官培养不仅是研究器官生长、营养代谢、生理生化、组织分化和形态建成的最好方法，而且在生产实践上具有重要的应用价值。如利用茎、叶和花器培养建立的试管培养物，可在短期内提高繁殖速率，从而实现名、优、特、新品种的快速繁殖；利用茎尖培养可以获得脱毒试管苗，解决品种的退化问题；将植物器官做诱变处理和培养可获得突变株，进行细胞的突变育种。另外，器官培养也是种质保存的有效手段。

器官培养

单元一 根的培养

离体根的培养是进行根系生理和代谢研究最优良的实验体系。因为根系生长快，代谢强，变异小，加上无菌和不受微生物的干扰，可以通过改变培养基的成分来研究其营养吸收、生长和代谢的变化；在工厂化生物反应器系统中通过工艺调控实现根的大规模培养不受环境和季节的限制，可以随时随地生产离体根的培养物，进行药物、微量活性物质及一系列次生代谢产物的工厂化生产。另一方面通过根细胞的培养可再生植株，用于生产实践。

一、根无性繁殖系的建立

1. 外植体

根的培养材料一般来自无菌种子发芽产生的幼根或植株根系经消毒处理后的切段。

2. 根无性繁殖系的建立

将种子消毒后在无菌条件下萌发，待根伸长后从根尖一端切取长 1.2cm 的根尖（或植株的根系经表面灭菌后）接种于培养基中。这些根的培养物生长甚快，几天后发育出侧根。待侧根生长约 1 周后，即切取侧根的根尖进行扩大培养，它们又迅速生长并长出侧根，又可切下进行培养，如此反复切接就可得到从单个根尖衍生的无性繁殖系。

二、培养方法

1. 植株的再生培养

根离体培养再生出植株的方法是：先诱导离体根形成愈伤组织，再在再分化培养基上诱导芽的分化，进而形成小植株。如果愈伤组织先分化形成根，则往往抑制芽的形成。

2. 固氮培养

将具有固氮作用的根瘤菌接种到禾谷类等作物的试管苗根系中，并在诱瘤剂的诱导下使根瘤菌侵入试管苗根部结瘤固氮，从而实现谷物直接利用生物固氮的捷径。注意固氮菌接种时要给根系创造伤口，以利于根瘤菌的侵入。根瘤菌结瘤试验装置见图 4-1 和图 4-2。这类装置在设计上的共同特点是在一个培养容器内，有液体和固体培养两个组成部分，根尖部分处于液体培养中，而根茎部分则插入含有有机成分的固体培养基中。此类装置也为根系其他各项研究提供良好的试验系统。

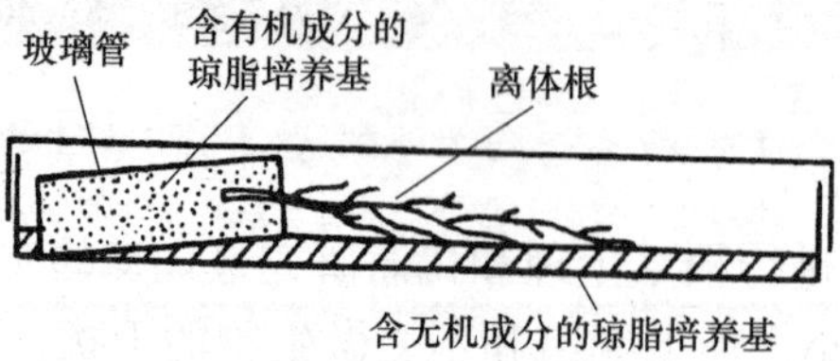

图 4-1 Torrey 等根瘤菌结瘤试验装置（引自王清连，2004）

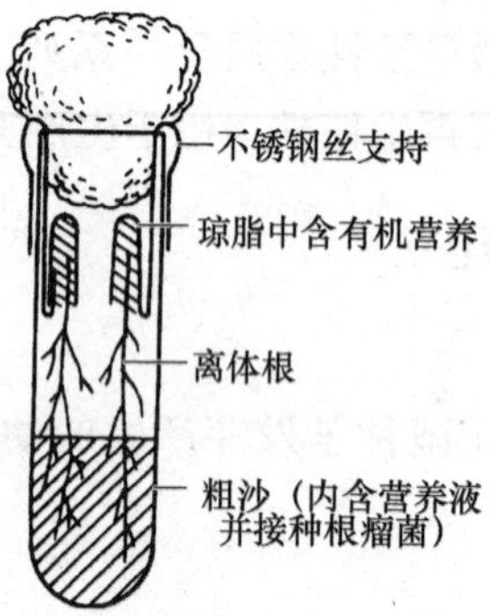

图 4-2 Bunting 等根瘤菌结瘤试验装置（引自王清连，2004）

三、影响因素

1. 植物种类

不同植物种类、同一植物的不同部位和不同年龄对根的培养都有影响。如番茄、马铃薯、烟草等植物的离体根能快速生长并产生大量健壮的侧根，可进行继代培养而无限生长，而木本植物的根培养较难。一般情况下，木本植物的离体根培养难于草本植物；处于旺盛生长期的根系和根尖易于培养。这说明不同的植物类型，需要提供相应的培养条件，而且即使在同一生长条件下，由于营养、代谢和基因型的差异也会表现出生长特性上的差异。

2. 培养基

一般采用 White 培养基，也可采用其他培养基如 MS、B_5 等，但必须将其浓度稀释到 2/3 或 1/2。许多植物在 1/2MS 培养基上能生根，如水仙小鳞茎等。离体根的生长要求培养基含有全部的必需元素。它能够利用单一的硝态氮或铵态氮。硝态氮、钙、硼和铁利于根的发生。而缺少微量元素就会在培养过程中出现各种缺素症，如缺铁会导致根细胞停止分裂，无法实现增殖，并破坏根系的正常活动；缺硼会降低根尖细胞的分裂速度，阻碍细胞伸长。培养基中添加维生素 B_1 和维生素 B_6 最重要，缺少则根的生长受阻，一般使用浓度为 0.1~1.0mg/L。糖是培养基必不可少的附加物，一般以蔗糖为最好，使用浓度应稍低，如玫瑰生根的蔗糖浓度为 2%。

3. 激素

IAA 对离体根生长的影响表现为三种情况：①IAA 抑制根的生长，如番茄、红花槭、樱桃等；②IAA 促进根的生长，如玉米、小麦、赤松和矮豌豆等；③离体根的生长依赖于 IAA 的作用，如黑麦和小麦的一些变种。GA 则能明显影响侧根的发生与生长，加速根分生组织的老化；KT 能增加分生组织的活性，有抗老化的作用。

激素对根生长的影响是一个综合过程，如 KT 在低浓度蔗糖（1.5%）的条件下对番茄离体根的生长有抑制作用，但是在高浓度蔗糖（3%）的条件下 KT 能够促进根的生长。GA 和 NAA 在蔗糖浓度较低时能够增加番茄离体根的侧根数量，将 IAA 处理过的番茄根转移到无 IAA 的培养基中，IAA 对番茄根生长的抑制作用将会消失。另外，KT 能与 GA 和 NAA 的反应相拮抗。因此，选准激素并与其他培养条件相配合，是保证离体根培养成功的重要方面。

4. pH

根培养适宜的 pH 范围随培养材料和培养基的组成而发生变化，一般为 5.0~6.0。如水稻根的培养在 pH3.3~5.8 的范围内随 pH 的升高而加速；在番茄根的培养中，用单一硝态氮作为氮源时，培养基的 pH 应为 5.2；用单一铵态氮源时，pH7.2 为最好。此外，当 pH 升高（pH5.8~6.2）时铁会发生沉淀，造成培养基中缺铁。

5. 光照和温度

离体根培养的温度一般以 25~27℃为最佳，要求在遮光条件下培养。

单元二 茎尖和茎段培养

茎尖是植物组织培养常用的外植体。这是因为茎尖不仅生长速度快、繁殖率高、不易产生遗传变异，而且是获得脱病毒苗木的有效途径。茎尖培养根据培养目的和取材大小分为微茎尖培养和普通茎尖培养。微茎尖是指带有1~2个叶原基的生长锥，其长度一般不超过0.5mm，主要用于脱除植物体内病毒；普通茎尖是指较大的茎尖（几毫米到几十毫米）、芽尖及侧芽，培养技术简单易行、操作方便、容易成活、成苗所需时间短，常用于植物的离体快速繁殖。而带有1个以上定芽或不定芽的茎段（包括块茎、球茎、鳞茎的幼茎切段）培养除具有普通茎尖培养的特点外，还具有材料来源广泛、“芽生芽”方式增殖的苗木质量好、变异小和性状均一的特点，同样被广泛用于植物的离体快速繁殖。

由于茎尖和茎段等是在无菌条件下，且又是在一个非常小的范围内进行大量繁殖的，因此又称为微繁技术。

一、普通茎尖培养

1. 取材与消毒

从植株健壮、生长旺盛、无病的供试植株的茎、藤或匍匐枝上切取2cm以上的嫩梢。木本植物可在取材前对嫩梢喷几次灭菌药剂，以保证材料不带或少带杂菌。将采到的茎尖切成0.5~1.0cm长，并将大叶除去，休眠芽预先剥除鳞片。由于植物种类及材料来源不同，可采取不同的消毒方法。嫩茎的顶芽消毒时间宜短，而来自较老枝条上的顶梢和侧芽及有芽鳞片包被的芽消毒时间应适当延长。

2. 接种

为了减少污染，可在接种前再剥掉一些叶片，使茎尖为0.3~0.5cm大小，可带2~4个叶原基或更多（图4-3）。有些植物的茎尖由于多酚氧化酶的氧化作用而发生褐化，使培养基变褐，影响材料的成活。所以在接种时，不能用生锈的解剖刀，动作要敏捷，随切随接，减少伤口在空气中暴露的时间；也可将切下的茎尖材料在1%~5%的维生素C液中浸蘸一下再接种。一般每瓶接种1个茎尖。

3. 培养

（1）培养基　对大多数植物来说，常用的基本培养基为MS和B_5培养基，前者适合大多数双子叶植物，后者适用于许多单子叶植物。据朱至清报道，大量元素含量减半，不加肌醇，并将维生素B_1提高到1mg/mL的改良培养基，适

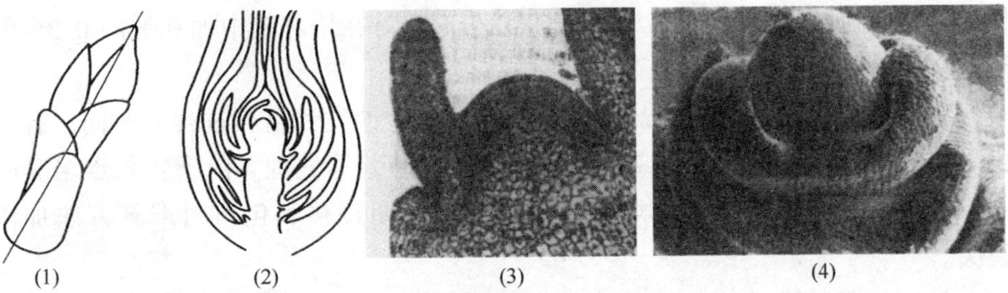

图 4-3　茎尖的解剖构造（古川任朗，1985）
（1）（2）茎尖及其纵切面　（3）带 2 个叶原基茎尖　（4）茎尖电镜扫描

合于大多数单子叶和双子叶植物。木本植物的茎尖培养可选用 WPM 培养基。培养基中的碳源一般为蔗糖，浓度为 2%~3%。茎尖培养一般选用 0.7%~0.8%的琼脂固化培养基，而对于茎尖容易发生褐化的可以考虑采用液体培养基，以便减少培养物周围酚类化合物的浓度和及时将培养物从褐化的培养基中转移到新鲜的培养基中去。培养基的 pH 影响茎尖对营养液的吸收和生长速度，对大多数植物的茎尖培养来说，pH 应控制在 5.6~5.8。

继代增殖所用的基本培养基与初代培养基相同。试管苗生根对基本培养基的种类要求不严，如 MS、B_5、White 等培养基都可用于诱导生根。一般选用无机盐浓度较低的培养基作为基本培养基。除 White 外，MS、B_5 培养基因富含 N、P、K 等元素，能够抑制根的发生。因此，应将它们降低到 1/2、1/3 或 1/4，甚至更低的浓度水平。蔗糖浓度降低至 1%~1.5%，促使组培苗增强自养能力，使根系发育更加健壮。

培养基中附加的激素包括细胞分裂素和生长素两类。附加细胞分裂素的目的是打破芽的休眠和克服顶端优势，促使接种的芽和腋芽萌动和生长，形成丛生芽，提高繁殖系数。其中，促进腋芽增殖最有效的细胞分裂素是 6-BA，其次是 KT 和 ZT，使用浓度在 0.1~10mg/L，一般使用 0.5~2mg/L。附加生长素的目的是促进芽的生长，比较常用的是 NAA、IAA，浓度一般在 0.1~1mg/L。如果生长素类激素浓度高于 0.1mg/L，产生畸变芽或形成愈伤组织的概率就会大大提高。有时培养基中也添加低浓度的 GA，促进芽的伸长，但浓度太高会产生不利的影响。在生根培养时培养基应完全去除或仅用浓度很低的细胞分裂素，并加入适量的生长素，NAA 的浓度一般在 0.1~10mg/L，IBA 和 IAA 浓度可略高些。

（2）培养条件　大多数植物的茎尖培养需在光照下培养，光照强度在 1000~3000lx，光照 16h/d 或 24h 连续光照，有利于茎尖培养和芽的分化与增殖，但在进行块茎类植物（如马铃薯和花叶芋）和鳞茎类植物（如百合）的芽培养时，如果目的在于诱导小块茎或小鳞茎（珠芽）的分化和增殖，则需要暗培养。增强光照有利于试管苗生根，且对于试管苗移栽有良好的作用，但强光直接照射根部，会抑制根的生长。所以，在生根培养时最好在培养基中加0.1%~0.3%的活性炭，以促进生根。

茎尖培养的温度一般在25℃左右，但因植物种类和培养过程的不同，有时也采用较低、较高的温度，或给予适当的昼夜温差等处理。由于生长点培养时间较长，琼脂培养基易于干燥，这可以通过定期转移和包口封严等方法加以解决。

（3）培养过程

①初代培养：茎尖的初代培养属于无菌短枝发生型。外植体启动生长的关键主要是培养基的激素配比与浓度，一般应使用较高浓度的细胞分裂素和较低浓度的生长素，能够解除顶端优势的抑制作用，诱导产生丛生芽。生长素浓度过高容易产生愈伤组织；激素配比适当，则茎尖向上生长成无根苗。一般顶芽和腋芽培养30~40d可长成新梢。兰科植物会在茎尖基部诱导产生原球茎。

温馨提示

不同植物的离体茎尖对生长素的反应是不同的。茎尖在培养过程中会出现生长太慢、生长太快和生长正常等三种类型。生长太慢型是接种后茎尖不增大，只是茎尖逐渐变绿，出现绿色小点，细胞逐渐老化而进入休眠状态，或者逐渐变褐死亡。引起的原因主要是生长素浓度太低，或是温度过低或过高；生长太快型是接种后茎尖迅速增大，在茎尖基部产生愈伤组织，并迅速增殖，而茎尖不伸长，久之茎尖也形成愈伤组织，从而丧失发育成苗的能力。引起的原因一是生长素浓度过高，引起细胞大量分裂而导致愈伤组织的形成。二是光照太弱或温度太高。生长正常型是接种后茎尖基部稍增大并形成少量愈伤组织，茎尖颜色逐渐变绿，并逐渐伸长，叶原基发育成可见的小叶，进而形成小苗。

②继代培养：1个月左右茎尖长成新梢，就可通过“微型扦插”进行增殖培养。有时也可边继代增殖边诱导生根。其方法是取比较长的新梢（如2cm以上）转入生根培养基，余下较短的新梢继续继代培养。兰科植物切割原球茎进行继代增殖。

③诱导生根：将切下的新梢接种到生根培养基诱导生根（图4-4）。一般多采用1/2MS培养基，并加入一定的生长素类激素如NAA、IBA等。也可将切下的新梢基部浸入50mg/L或100mg/L的IBA溶液中处理4~8h，然后转移到无激素的生根培养基中。注意较高浓度的生长素对生根有抑制作用。如果新梢周龄

较大、木质化程度较高，则用IBA处理的时间应适当延长或提高其浓度。

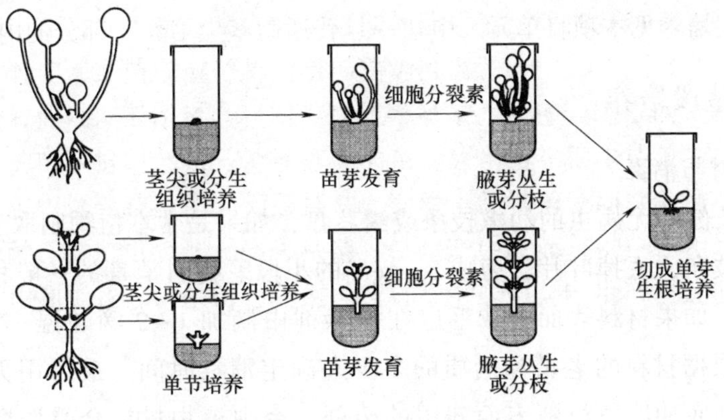

图4-4 丛生芽微繁（Pierik，1989）

问题栏

组培所说的“微型扦插”与常规无性繁殖所说的“扦插繁殖”有何不同？

④驯化移栽：在生根培养1个月左右，多数新梢即可长出健壮而发达的根系。当新梢基部生有较浓密的不定根，且根长1cm左右时就可驯化移栽。

茎尖培养快繁程序见图4-5。

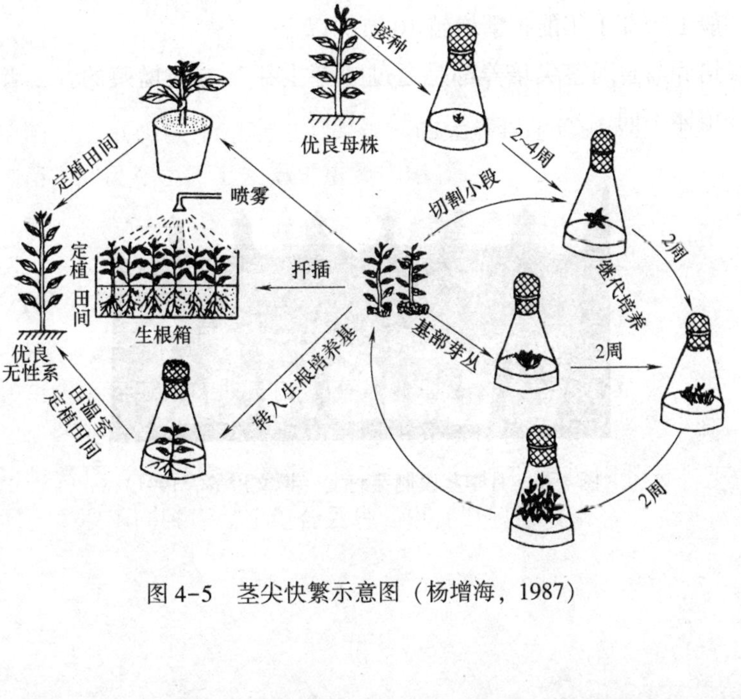

图4-5 茎尖快繁示意图（杨增海，1987）

二、微茎尖培养

微茎尖培养见本项目单元二中“一、普通微茎尘培养”部分的内容。

三、茎段培养

1. 取材与消毒

取生长健壮无病虫的幼嫩枝条或鳞茎盘，如果是木本植物则取当年生嫩枝或一年生枝条，去掉叶片，剪成 3~4cm 的小段。材料消毒的一般程序同普通茎尖培养。如果材料表面有绒毛应在消毒剂中滴加 1~2 滴吐温-20 或吐温-80。注意根据材料的老嫩和蜡质的多少来确定消毒时间。最后用无菌水冲洗数次，以彻底冲洗掉材料表面残留的药剂，否则植物材料会受残留灭菌剂的危害。

2. 接种

将消毒好的茎段去除两端被消毒剂杀伤的部位，分切成单芽小段竖插于诱导培养基中。其他接种要求同普通茎尖培养。

3. 培养

（1）培养基与培养条件　同普通茎尖培养。

（2）培养过程　茎段接种后不久，在切口处特别是基部切口处有时会形成少量愈伤组织，但主要是腋芽开始向上伸长生长，形成新茎梢（图 4-6 和图 4-7），有时会出现丛生芽。继代扩繁和生根诱导的培养基都与普通茎尖培养相同。一般 1 个芽 1 年能扩繁增殖 10 万株以上。

茎段培养与普通茎尖培养都是通过“芽生芽”方式增殖的，二者间最大的区别是外植体不同。

图 4-6　月季茎段侧芽萌发（谭文澄等，1991）

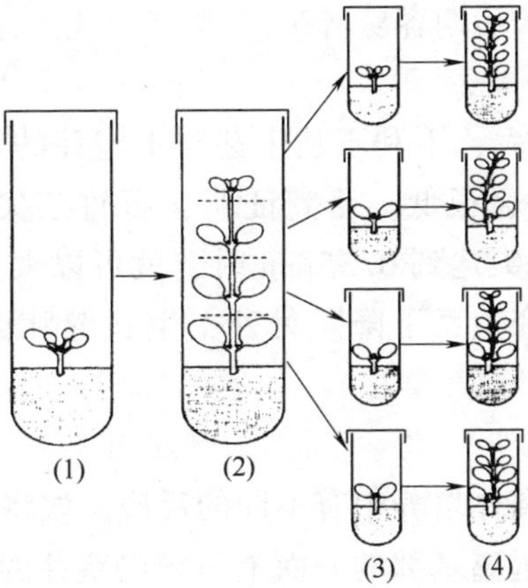

图 4-7　单芽茎段微繁（Pierik，1987）
（1）单芽　（2）无根苗　（3）单芽茎段　（4）增殖苗

四、影响茎尖和茎段培养的因素

1. 基因型

茎尖培养与其他组织培养一样，受基因型的影响很大，不同科、属植物要求的条件差别较大，甚至同一属的不同种类以及品种间的表现也不一样。有时也有分类地位相距甚远的植物间，可能恰好可以用完全相同的培养基的现象存在。

2. 取材的时间、部位与芽的生理状态

（1）取芽时间与芽的生理状态　某些温带木本观赏植物的萌芽只限于春季，所以茎尖和茎段培养最好在春季进行，并且在芽已经膨大，但芽鳞片还没有张开时取芽最合适。因为此时的芽生长旺盛，并有芽鳞片保护，不受污染。对处于休眠期的块茎、鳞茎、球茎等进行茎段培养，则必须经过高温、低温处理或特殊光周期处理之后再进行。如李属植物在培养之前必须把茎保存在 4℃ 下近 6 个月之久。另外，茎尖培养的效率还与茎的生根能力有关。如大多数马铃薯品种中，在春季和初夏采集的茎尖比在较晚季节采集的容易生根。从芽的生理状态来说，一般活动芽的茎尖比休眠芽的茎尖培养效果好。

（2）取材部位　一般而言，茎的基部比顶部的切段、侧芽比顶芽的成活率低，顶芽或上部的芽（茎段）比侧芽或基部的芽（茎段）培养效果好，这可能与它们生长较为旺盛有关。由于顶芽的数量有限，也经常使用侧芽（带侧芽的茎段）作外植体，但对草莓等一些植物而言，顶芽和腋芽的茎尖培养效果相同。所以，芽的着生部位对茎尖培养的影响不能一概而论。另外，从取材植株的年龄来说，从幼年树木取材较成年树容易培养；一年生或多年生草本植物的营养生长早期取材较营养生长后期容易培养。

3. 外植体大小

培养的茎尖材料过大，不利于丛生芽与不定芽的形成，也容易污染，但外植体过小，其存活率会很低。研究证明，石竹茎尖的大小为 0. 09mm 时，无形态发生能力；当茎尖达到 0. 35mm 时，就可以大量产生嫩茎；当外植体为 0. 5mm 时，嫩茎的产生又下降。另外，生长健壮而饱满的茎尖微繁殖容易成功。

4. 极性

极性在不同的植物离体培养中有不同的反应。如将杜鹃茎切段的形态学下端竖插在培养基上，从远离基部的表面上诱导出茎芽的数目较多；而当把唐菖蒲外植体的基部向上放置时，也可以产生茎，但数目较少；水仙花茎切段只有倒放在培养基上才有器官发生。注意使用适当的激素后，能削弱或加强极性的影响。

5. 培养基和培养条件

参见普通茎尖培养内容。

6. 褐化和玻璃化

参见本项目单元六内容。

单元三 叶的培养

离体叶的培养是指包括叶原基、叶柄、叶鞘、叶片、子叶在内的叶组织的无菌培养。因为叶是植物进行光合作用的自养器官，又是某些植物的繁殖器官，因此离体叶组织、细胞的培养不仅可用于研究形态建成、光合作用、叶绿素形成等理论问题，而且可为叶片原生质体培养和原生质体融合的研究提供理论依据；可以建立快速无性繁殖系，成为提高不易繁殖的植物繁殖效率的有效途径；利用叶细胞培养物的自然和人工诱变处理，可以筛选出突变体而应用于育种实践。

一、培养方法

1. 取材与消毒

从生长健壮无病的植株上选取未充分展开的幼嫩叶片，常规消毒。消毒时间要根据材料的老嫩和质地而定。对一些粗糙或带茸毛的叶片可预先用蘸有 70%酒精的纱布擦拭叶片两面或用洗衣粉水洗刷后，再用消毒剂消毒，并且要适当延长消毒时间；而幼嫩的叶片消毒时间宜短。

2. 接种

将消毒的叶组织转入到铺有无菌滤纸的培养皿内，并用无菌滤纸吸干水分，然后将叶组织切成约0.5cm见方的小块或薄片（如叶柄和子叶），上表皮朝上平放或竖插在MS或其他培养基上。

3. 培养

（1）培养基 离体叶的培养常用MS、White、N_6、B_5等培养基。附加15%椰子汁、1mg/mL水解酪蛋白等有机附加物，有利于叶片培养的形态发生。激素作为影响叶组织脱分化和再分化的主要因素，其浓度和水平将直接影响离体叶培养的成活与否。对大多数双子叶植物来说，细胞分裂素有利于芽的形成，其中6-BA浓度一般为1~3mg/L；生长素类则抑制芽的形成而有利于根的发生，一般与细胞分裂素配合使用。其中NAA的浓度一般为0.25~1mg/L；2,4-D则有利于愈伤组织的形成，其浓度一般为0.5~1.0mg/L。

（2）培养条件 离体叶一般在25~28℃条件下培养，光照10~12h/d，光强1500~3000lx。在不定芽的分化和生长期应增加光强到3000~10000lx。

（3）植株再生途径

①形成愈伤组织：这种再生方式比较普遍。一般有两种情况：a. 一步诱导法。在诱导分化培养基上诱导出愈伤组织并进一步分化出不定芽。b. 两次诱导法。即先在诱导培养基上诱导出愈伤组织，再转接到分化培养基诱导分化出不定芽。植物种类、品种、培养条件、接种方式不同，诱导出愈伤组织的时间长短和质地、活性也不同。一般叶片接种后培养2~4周，叶切块开始增厚肿大，进而形成愈伤组织。当愈伤组织表面凹凸不平出现绿色芽点时，从外观上就可以明确断定进入了分化期，以后陆续分化出大量不定芽。将不定芽分离转移到MS+NAA 0.5~1mg/L的生根培养基就可诱导生根，发育形成完整植株。

②形成胚状体：通过叶片离体培养诱导出的愈伤组织产生胚状体是很普遍的现象。叶肉、栅栏组织和海绵组织、叶片表皮细胞经脱分化后都能产生胚状体。菊花、烟草、番茄、非洲紫罗兰等植物的叶片组织都有分化成胚状体的能力。

③形成原球茎：以大蒜贮藏叶、水仙鳞片叶、兰花未展开幼叶的叶尖为外植体进行离体培养，均能直接或经愈伤组织再生出小鳞茎（或球状体）或原球茎，进而发育成小植株。

④直接产生不定芽：在离体叶片切口处组织迅速愈合并产生瘤状突起，进而产生大量不定芽，或由叶肉栅栏组织直接脱分化产生不定芽。这两种情况一般都不形成愈伤组织。通过这种再生方式以羊齿植物最多，双子叶植物次之，单子叶植物最少。

二、影响叶培养的因素

1. 激素

离体叶的培养较茎尖、茎段培养难度大，常常需要多种激素的配合使用，并且不同培养阶段需要更换不同的激素组合。如杏离体叶培养使用1/2MS培养基，ZT与2,4-D的组合可诱导其愈伤组织的产生，KT与NAA的组合可从愈伤组织中诱导不定芽的产生；驱蚊草在MS+6-BA 0.5~1.0mg/L+IAA 0.05~0.2mg/L培养基中，可以直接使叶片产生愈伤组织，并分化出芽。需要注意的是2,4-D对某些植物的愈伤组织诱导非常有效，但如果使用浓度不当，将会对后期的分化产生抑制作用。

2. 叶龄

一般子叶较叶片易于分化；幼叶较成熟叶脱分化时间短，分化能力强，而且可从不同部位成苗。

3. 极性与损伤

离体叶培养一般要求上表皮朝上平放于培养基上，这样易于培养成活。如烟草的一些品种的叶片背面朝上放置时，就不生长、死亡或只形成愈伤组织而没有器官的分化。另外，切割叶外植体时所带来的损伤对愈伤组织的形成具有一定的影响。大多数植物的愈伤组织首先从叶切口处形成或在切口处直接产生芽苗的分化。

4. 叶脉

离体叶培养的外植体一般要求带叶脉，因为多数植物常从叶柄和叶脉的切口处容易形成愈伤组织和分化成苗，如杨树、中华猕猴桃等。

除上述之外，植物种类、品种间在叶组织培养特性上也存在着一定的差异。

单元四 花器和种子培养

一、花器培养

花器培养是指对植物的整朵花或花的组成部分（如花托、花瓣、花丝、花柄、子房、花药等）的无菌培养。花器培养无论在理论研究和生产应用上都有重要价值。通过离体花芽培养，可了解整体植物和内源激素在花芽性别决定中所起的作用，可以了解花器各部分对果实和种子发育的作用，以及内、外源激素在果实种子发育过程中的调控作用。花器培养生产上可用于珍贵品种的扩大繁殖，培养方法如下：

1. 取材与消毒

从健壮植株上取未开放的花蕾，先用 70%～75%酒精浸润 30s，再用饱和漂白粉上清液消毒 10～15min，最后用无菌水冲洗数次。

2. 接种培养

用整个花蕾培养时，只需将花梗插入培养基中即可。若用花器的某个部分，则分别取下，切成小片后接种。常用的培养基有 MS、B_5 等。若要把花器官部分培育成小植株，应加入生长素和细胞分裂素，诱导形成愈伤组织或胚状体，再分化培养成植株。如菊花的花瓣切片接种在含 6-BA 2mg/L、NAA 0.2mg/L 的 MS 培养基上，在 26℃、光强 1500lx、光照 10h/d 条件下培养约 2 周，会形成少量愈伤组织，再经 1 个月就分化出绿色芽点，再切割转接，可形成大量无根苗，经长根后发育成小植株。

二、种子培养

种子培养是指对成熟或未成熟种子的无菌培养。利用种子培养可以打破种子休眠，特别对一些休眠期长的植物，可以作为大量生产试管苗的好材料；可使远缘杂交产生的杂种败育种子正常萌发产生第二代植株。另外，种子培养具有植株分化容易和操作方便等特点。培养技术如下：

1. 种子消毒

种皮厚或不饱满的种子宜用 0.1%氯化汞消毒 10～20min；幼嫩的或发育不全的种子宜用饱和漂白粉上清液消毒 15～30min；若种子上有绒毛或蜡质，应先用 95%酒精或吐温-40 处理，以提高消毒效果；对壳厚难萌发的种子，可去壳培养。

2. 培养基

若是以促进种子萌发为目的的种子培养，培养基的成分要求较简单，可不加或少加生长激素。当然，对某些发育不全的无胚乳的种子培养，应提供适当生长素。种子培养的糖浓度可稍低，一般 1%～3%。

3. 接种培养

将种子按每瓶 3～5 粒均匀排列于培养基上。先暗培养，发芽后再尽快转移至光下培养，形成无菌幼苗。培养条件要求 1000～2000lx 光强，光照 10h/d，温度 20～28℃。

单元五 胚胎培养

胚胎培养是指将植物的胚及其胚器官（如子房、胚珠、胚乳）在离体条件下培养，使之发育形成幼苗的过程。通过胚胎培养可以克服远缘杂种的不亲和性；使胚发育不全的植物获得后代；打破种子休眠，缩短育种年限。因此，胚胎培养在杂交育种上具有重要的实践意义和应用价值。

一、胚培养

（一）胚培养的类型

根据胚胎的成熟度分为幼胚（子房形成之前）培养和成熟胚培养；根据具胚器官的不同，分为胚珠培养、子房培养、胚乳培养等。

1. 成熟胚的培养

成熟胚的培养是指子叶期后至发育完全的胚在含有无机大量元素和糖的培养基上正常再生成幼苗的过程。由于种子外部有较厚的种皮包裹，所以不易造成损伤，易于消毒。种子消毒后，剥离出胚并接种在适当的培养基上，常规条件下培养。

问题栏

离体培养无胚乳种子时为什么要加入生长素？

2. 幼胚培养

幼胚培养是指对子叶期以前的幼小胚的离体培养。由于幼胚培养在远缘杂交育种上有极大的利用价值，因此其研究和应用越来越深入和广泛。随着幼胚培养技术的进步，现在可使心形期胚或更早期的长度仅 0.1~0.2mm 的胚生长发育成植株。由于胚越小就越难培养，所以尽可能采用较大的进行培养。

幼胚培养的操作方法与成熟胚的培养基本相同。应该注意的是切取幼胚时，必须在高倍解剖镜下进行，尽量取出完整的胚。常见的幼胚培养有三种生长方式：①继续进行正常的胚胎发育，维持“胚性生长”；②在培养后迅速萌发成幼苗，而不继续进行胚性生长，通常称为“早熟萌发”；③在多数情况下胚在培养基中能发生细胞增殖，形成愈伤组织，并由此再分化形成多个胚状体或芽原基，特别是加有激素时，就更为如此。

（二）影响幼胚培养的因素

幼胚培养成功的关键是提供其所必需的营养和环境条件。

1. 培养基

成熟胚对培养基的要求不高，而幼胚要求较高。常用的基本培养基有 Tukey、Randolph、White、Norstog、MS、1/2MS、Nitsch 等培养基。其中，前三种培养基用于成熟胚培养，其他主要适于未成熟胚和幼胚的培养。而禾谷类的幼胚培养有时也采用 B_5 和 N_6 培养基。培养基具有高无机盐、高渗透压和高糖、高氨基酸的特点，才能满足离体幼胚发育的需要。一般液体培养基适合于幼胚培养，而固体培养基适合于成熟胚的培养。

在培养基的有机附加物中，维生素 B_1 和生物素对胚胎培养有重要作用，而抗坏血酸则不重要。添加氨基酸对不同植物和不同时期的幼胚的培养效果是不同的，几种不同的氨基酸以适当配比加入，往往可获得较好的效果。

天然有机物由于其成分复杂，对幼胚的生长有不同程度的影响。如番茄汁或大麦胚乳提取物能够促进大麦胚的生长；成熟度达八成的椰乳有促进幼胚生长和分化的作用（如番茄胚在含有 50%椰乳的培养基中可维持生长，对胡萝卜幼小子叶阶段的离体胚培养也有促进作用），而成熟椰子中的椰子乳则表现抑制作用；马铃薯的提取物和蜂王浆对离体胚的培养也有良好的作用。

2. 激素

不同植物的胚胎培养所需的激素不同。如 IAA 可明显促进向日葵幼胚的生长，IAA 与 KT 的共同作用可促进荠菜幼胚的生长。一般认为 IAA 可使胚的长度增加，加入 6-BA 可提高胚的生存机会。内外源激素间或与其他生长因子之间保持某种平衡是确保激素促进幼胚发育的关键问题。

3. 温度光照条件

对于大多数植物的胚来说，温度以 25~30℃为宜，但是有些则需要较低或较高的温度。如早熟桃的种胚必须经过一定的低温春化阶段（2~5℃下低温处理 60~70d），才能正常萌发生长，而马铃薯胚以 20℃为宜，香子兰属的胚在 32~34℃下生长最好。

通常胚培养是在弱光下进行的。幼胚在光下和黑暗中培养都可以，但达到萌发时期则需要光照。光照可以促进某些植物的胚转绿，利于胚芽生长，而黑暗利于胚根生长。因此，以光暗交替培养较为有利。

二、胚珠、子房和胚乳的培养

胚珠、子房和胚乳的培养见表 4-1。

表 4-1　胚珠、子房和胚乳培养的对比

培养部位	意义	类型	外植体选取	取材时间	培养方法	培养基
胚珠	1. 克服杂种胚败育；2. 进行试管受精；3. 用于单倍体育种	1. 受精胚珠培养；2. 未受精胚珠培养	选取合适子房，表面消毒后取出胚珠	球形胚	长大形成种子，继而形成幼苗	Nistch，White，附加 2，4-D、BA、IAA、椰子汁、酵母提取物、水解酪蛋白、氨基酸等

续表

培养部位	意义	类型	外植体选取	取材时间	培养方法	培养基
子房	1. 诱导单倍体植株；2. 进行试管受精；3. 获得杂种植株	1. 受精子房培养；2. 未受精子房培养	选取合适子房，表面消毒后直接接种	开花前 1~5d	形成果实或形成胚状体、愈伤组织	N_6、Nistch，附加 2,4-D、BA、IAA、B 族维生素、酵母提取物、水解酪蛋白等
胚乳	1. 获得三倍体植株；2. 不同倍性胚乳植株	1. 核型胚乳培养；2. 细胞型胚乳培养	幼嫩果实表面消毒后取出种子，分离出胚乳	授粉后 4~8d	诱导形成愈伤组织，然后分化形成胚状体或器官	MS、White，附加 0.5~3mg/L 的 BA 及少量 NAA、番茄汁、酵母提取物等

单元六 组培的常见问题及预防措施

一、污染

1. 污染的含义

污染是组织培养最常见和首要解决的问题。所谓污染是指在组织培养过程中，由于细菌、真菌等微生物的侵染，在培养基的表面滋生大量菌斑，造成培养材料不能生长和发育的现象。

2. 污染的类型与症状

引起污染的微生物主要有芽孢杆菌、大肠杆菌等细菌和毛霉、根霉、青霉等真菌，与此相对应的污染类型就分为细菌性污染和真菌性污染。细菌性污染的症状是菌落呈黏液状，颜色多为白色，与培养基表面界限清楚，一般接种后 1~2d 就能发现；而真菌性污染的症状是菌落多为黑色、绿色、白色的绒毛状、棉絮状，与培养基和培养物的界限不清，一般接种后 3~10d 后才能发现。实际培养中要明确辨认出是哪种污染，以便有针对性地采取防治措施，从而提高组培成功率。

3. 污染的途径

①外植体灭菌不彻底；②操作时人为带入；③环境不清洁；④培养基及接种工具灭菌不彻底。

4. 污染的防治措施

（1）防止外植体带菌

①做好接种材料的室外采集工作：最好春秋季节采集外植体；晴天下午采集，阴雨天勿采；优先选择地上部分作为外植体；外植体采集前喷杀虫剂、杀菌剂或套袋等。

②接种前在室内或无菌条件下对材料进行预培养，从新抽生的枝条上选择外植体。

③外植体严格灭菌：在正式接种或大规模组培生产前一定要进行灭菌效果试验，摸索出最佳的灭菌方法，达到最好的灭菌效果。对于难以灭菌彻底的材料可以采取多次灭菌和交替灭菌的方法。

④应及时淘汰污染的材料，防止在培养室内交叉污染。关于污染瓶的清洗方法见项目三内容。

⑤外植体切割时一定要防止交叉污染。

（2）培养基和接种器具彻底灭菌

①严格按照培养基配制要求分装、封口：培养基分装时，液体培养基不能溅留到培养瓶口；封口膜不能破损；封口时线绳要位置适当，松紧适宜。

②保证灭菌时间和灭菌温度：灭菌时高压灭菌锅内的冷空气要彻底排放干净；登记灭菌时间和检查灭菌温度时，一定要认真，防止灭菌时间不足或温度不够而带来的细菌性污染。

③接种工具、工作服、口罩、帽子等布质品在使用前彻底灭菌，而且在接种过程中，接种用器具要经常灼烧灭菌。

（3）严守无菌操作规程，防止操作时带入，这里要强调以下几点：

①接种人员注意个人卫生，洗手后进入接种室，接种时经常用75%酒精擦手。

②在酒精灯火焰的有效控制区域内操作；在操作规范的前提下，尽量提高接种速度。

③接种时，接种员双手不能离开工作台，如果离开工作台必须用酒精擦手后再接种。

④接种时开瓶和封口时动作都要轻，旋转烧瓶口并拿成斜角。

⑤尽量避免在接种用具和培养皿、揭开的培养瓶口上方移动。

⑥用于材料表面灭菌的烧杯和需要转接的种苗瓶最好在放入超净工作台前用酒精擦拭。

⑦操作区内不要一次性放入过多空白培养基，避免气流被挡住。

（4）保持环境清洁

①培养室和接种室定期用消毒剂熏蒸、紫外灯照射或臭氧发生机产生臭氧

来灭菌。

②污染的组培材料不能随便就地清洗。

③定期清洗或更换超净台过滤器，并进行带菌试验；保证 20~30m/min 的风速和吹出来的风无菌。

④经常用涂抹或喷雾方式清洁超净工作台。

⑤定期对培养室消毒，保持培养室清洁。

⑥严格控制人员频繁出入培养室。

二、褐化

1. 褐化的含义

褐化又称为褐变，是指培养材料向培养基释放褐色物质，致使培养基逐渐变褐，培养材料也随之变褐甚至死亡的现象。它的出现是由于植物组织中的多酚氧化酶被激活，而使细胞的代谢发生变化。培养材料褐化所产生的醌类物质当扩散到培养基后，会抑制其他酶的活性，导致代谢紊乱，从而影响离体材料的培养。

2. 褐化的影响因素

（1）植物种类和品种　在不同植物或同种植物不同品种的组培过程中，褐化发生的频率和严重程度存在较大差异，这是由于各种植物所含的单宁及其他酚类化合物的数量、多酚氧化酶活性上的差异造成的。木本植物的酚类化合物含量高于草本植物，因此木本植物组培时更容易发生褐化；苹果茎尖培养时，金冠苹果褐化较轻，而舞美褐化则较重。另外，色素含量多的植物在培养时也容易褐化。因此，在培养过程中根据不同的培养对象要采取相应的褐化预防措施。

（2）生理状态　由于外植体的生理状态不同，接种后的褐化程度也不同。一般来说，处于幼龄期的植物材料较从成年植株采集的植物材料褐化程度轻；老熟组织较幼嫩组织褐化程度严重。另外，处于生长季节的植物体内含有较多的酚类化合物，所以夏季时取材更容易发生褐化，冬春季节取材则材料褐化死亡率最低。因此，从防止材料褐化角度考虑，要注意取材时间和部位。

（3）培养基成分　无机盐浓度过高会使某些观赏植物的褐化程度增加；细胞分裂素水平过高也会刺激某些外植体的多酚氧化酶的活性，从而使褐化现象加重。如果外植体在最适宜的脱分化条件下，细胞大量增殖，会一定程度上抑制褐化发生。

（4）培养条件不当　如果光照过强、温度过高、培养时间过长等，均可使多酚氧化酶的活性提高，从而加速培养材料的褐化程度。因此，采集外植体前，将材料或母株枝条做遮光处理后再切取外植体培养，能够有效抑制褐化的发生。初代培养的材料暗培养，对抑制褐化发生也有一定的效果，但应通过试验摸索出适宜的时间，否则暗培养时间过长，会降低外植体的生活力，甚至引起死亡。

（5）材料转移时间　材料长期不转移，会导致培养材料褐化，最终材料全部死亡。

（6）外植体大小　一般来说，材料太小，容易褐化。

（7）外植体受损程度　植物组织受伤是导致多酚氧化酶和底物酚类物质接触的原因，因此，外植体受伤越重，越容易褐化。化学消毒剂在杀死外植体表面菌类的同时，也可能会一定程度上杀死外植体的组织细胞，导致褐化。

3. 褐化的预防措施

（1）尽量冬春季节采集幼嫩的外植体，并加大接种量；外植体和培养材料最好进行20~40d 的遮光处理或暗培养。

（2）选择适宜的培养基，调整激素用量。

（3）选择合适的培养条件　在不影响外植体正常生长和分化的前提下，尽量降低温度，减少光照。

（4）使用抗氧化剂　在培养基中加入抗氧化剂或在含有抗氧化剂的培养基中进行预培养，可大大减轻褐化程度。在液体培养基中加入抗氧化剂比在固体培养基中加入的效果要好。常用的抗氧化剂有维生素 C、聚乙烯吡咯烷酮（PVP）、半胱氨酸、硫代硫酸钠、柠檬酸、活性炭等。通常在培养基中附加0.1%~0.3%的活性炭或 5~20mg/L 的 PVP。

（5）加快继代转瓶速度　对容易褐化的外植体可间隔 12~24h 转移到新的培养基上，这样经过连续处理 7~10d 后，褐化现象便会得到控制或大为减轻。

（6）合理使用消毒剂，并做到材料剪切时尽量减少外植体受损面积，而且创伤面尽量平整。

三、玻璃化

1. 玻璃化的含义

当植物材料不断地进行离体繁殖时，有些培养物的嫩茎、叶片往往会呈半透明水渍状，这种现象通常称为玻璃化（也称为超水化现象）。发生玻璃化的试管苗称为玻璃化苗。

2. 玻璃化苗的症状表现

试管苗矮小肿胀、失绿；茎叶表皮无蜡质层、无功能性气孔；叶、嫩梢呈水晶透明或半透明；叶片皱缩并纵向卷曲，脆弱易碎；组织发育不全或畸形；体内含水量高，干物质等含量低；试管苗生长缓慢，分化能力下降，难以诱导生根，移栽成活率极低，因而繁殖系数低。

3. 试管苗玻璃化的原因

试管苗玻璃化是一种生理失调症状。它是为了适应变化了的环境而呈玻璃状。引起试管苗玻璃化的因素主要有激素浓度、琼脂用量、温度光照条件、通风状况、培养基成分等。

（1）细胞分裂素浓度过高易导致玻璃化苗的发生　造成细胞分裂素浓度过高的原因有：①培养基中一次加入细胞分裂素过多；②细胞分裂素与生长素的比例失调，植物吸收过多细胞分裂素；③细胞分裂素经多次继代培养引起的累加效应。通常继代次数越多，玻璃化苗发生的比例越大。

（2）培养基成分　培养基中无机离子的种类、浓度及其比例不适宜该种植物，则玻璃化苗的比例就会增加。

（3）琼脂用量　琼脂的含量决定培养基的硬度。琼脂含量低时，玻璃化苗的比例增加，水浸状严重，苗只向上生长。虽然随着琼脂用量的增加，玻璃化的比例明显减少，但琼脂加入过多培养基会太硬，会影响营养吸收，使苗生长缓慢、分枝减少。

（4）温度和光照　适宜的温度可以使试管苗生长良好，但过高、过低温度或温度忽高忽低都会容易形成玻璃化苗。增加光强可促进光合作用，提高碳水化合物的含量，使玻璃化的发生比例降低；光照不足，再加上高温，极易引发组培苗的过度生长，加速玻璃化发生。大多数植物在10~12h/d的光照时间、1500~2000lx光强的条件下能够正常生长和分化。当每天的光照时间大于15h时，玻璃化苗的比例有增加趋势。

（5）通风条件　试管苗生长期间，要求气体交换充分、良好。如果培养瓶内外气体交换不良，透气性差，瓶内空气湿度和培养基含水量过高，容易出现玻璃化苗。一般来说，单位体积内培养的材料越多，苗的长势越快，玻璃化出现的频率就越高。

培养物的不良表现及改进措施（课件）

（6）植物材料　不同的植物试管苗的玻璃化程度有所差异。草本花卉和幼嫩组织相对容易发生玻璃化。容易玻璃化的植物材料如果长时间浸泡在水中，则玻璃化程度尤其严重。

培养物的不良表现及改进措施（视频）

4. 防止玻璃化苗发生的措施

（1）适当提高培养基中蔗糖和琼脂的含量水平，降低培养基的水势。

（2）选择合适的激素种类和浓度，适当减少细胞分裂素用量或适当增加生长素比例。

（3）适当延长光照时间或增加自然光照，提高光强。

(4) 调整培养温度，培养室要有降温和增温设施，防止温度突然变化。

(5) 使用透气性好的封口材料，如牛皮纸、棉塞、滤纸、封口纸等，尽可能降低培养室内空气湿度，加强气体交换。

(6) 尽量选用玻璃化轻或无玻璃化的植物材料。

(7) 适当提高培养基中的无机盐的含量，减少铵态氮而提高硝态氮的用量。

(8) 在培养基中适当添加活性炭、间苯三酚、根皮苷、聚乙烯醇（PVA）均可有效控制玻璃化苗的发生。

四、其他问题

组织培养过程中除了污染、褐化和玻璃化三大技术难题之外，还有黄化、变异、瘦弱或徒长等问题。这些问题产生的原因及预防措施见表 4-2。另外，不同培养阶段的常见问题及预防措施分别如表 4-3、表 4-4 和表 4-5 所示。

表 4-2　　组织培养常见的其他问题及解决措施

常见问题	产生原因	解决措施
材料死亡	外植体灭菌过度；材料污染；培养基不适宜或配制有问题；培养环境恶化	灭菌温度和时间适宜；注意环境和个人卫生；严格操作；选用合适培养基；改善培养环境，及时转移和分瓶；加强组培苗的过渡管理
黄化	培养基中 Fe 含量不足；矿物营养不均衡；激素配比不当；糖用量不足，长期不转移；培养环境通气不良；瓶内乙烯量高；光照不足；培养温度不适	正确添加培养基的各种成分；调节培养基组成和 pH；降低培养温度、增加光照和透气性；减少或不用抗生素类物质
变异和畸形	激素浓度和选用的种类不当；环境恶化和不适	选不易发生变异的基因型材料；尽量使用“芽生芽”的方式；降低 CTK 浓度；调整生长素与 CTK 的比例；改善环境条件
增殖率低下或过盛	与品种特性有关；与激素浓度和配比有关	进行一定范围的激素对比试验，根据长势确定配方，并及时调整；交替使用两种培养基；考虑品种的田间表现和特性，优化培养环境
组培苗瘦弱或徒长	CTK 浓度过高；过多的不定芽未及时转移和分切；温度过高；通气不良；光照不足；培养基水分过多	适当增加培养基硬度；加速转瓶；降低接种量；提高光强，延长光照时间；减少 CTK 用量；选择透气性好的封口膜；降低环境温度

续表

常见问题	产生原因	解决措施
移栽死亡率高	组培苗质量差；环境条件不适；管理不精细	培育高质量组培苗；及时出瓶，尽快移栽；改善环境条件；采取配套的管理措施，加强过渡苗的肥水管理和病虫害防治
不生根或生根率低	种类和品种间的差异；激素种类和浓度；环境条件；繁殖苗的基部受伤	对难于生根品种，从激素种类和水平、环境条件综合调控；掌握移栽操作要领和质量要求；切割苗的基部时使用利刃，用力均匀，切口平整，损伤少

表 4-3　　初始培养阶段的常见问题及调控措施

常见问题	产生原因	调控措施
长期培养无明显反应	基本培养基不适宜，生长素不当或用量不足，温度不适宜	更换基本培养基或调整培养基成分，尤其是调整盐离子浓度，增加生长素用量，试用 2,4-D，调整培养温度
培养物呈水渍状、变色、坏死、茎断面附近干枯	表面杀菌剂过量，消毒时间过长，外植体选用不当（部位或时期）	调换其他杀菌剂或降低浓度，缩短消毒时间，试用其他部位，生长初期取材
愈伤组织过于致密、平滑或突起，粗厚，生长缓慢	细胞分裂素用量过多，糖浓度过高，生长素过量	减少细胞分裂素用量，调整细胞分裂素与生长素比例，降低糖浓度
愈伤组织生长过旺、疏松，后期水浸状	激素过量，温度偏高，无机盐含量不当	减少激素用量，适当降低培养温度，调整无机盐（尤其是铵盐）含量，适当提高琼脂用量增加培养基硬度
侧芽不萌发，皮层过于膨大，皮孔长出愈伤组织	枝条过嫩，生长素、细胞分裂素用量过多	减少激素用量，采用较老化枝条
培养基和材料变褐	产生原因及调控措施参考本节内容	

表 4-4　　增殖培养阶段的常见问题及调控措施

常见问题	产生原因	调控措施
苗分化数量少、速度慢、分枝少、个别苗生长细高	细胞分裂素用量不足，温度偏高，光照不足	增加细胞分裂素用量，适当降低温度，改善光照，改单芽继代为团块（丛芽）继代

续表

常见问题	产生原因	调控措施
苗分化过多，生长慢，有畸形苗，节间极短，苗丛密集，微型化	细胞分裂素用量过多，温度不适宜	减少或停用细胞分裂素一段时间，调节温度
分化率低，畸形，培养时间长时苗再次愈伤组织化	生长素用量偏高，温度偏高	减少生长素用量，适当降温
叶增厚变脆	生长素用量偏高，或兼有细胞分裂素用量偏高	适当减少激素用量，避免叶片接触培养基
幼苗淡绿，部分失绿	无机盐含量不足，pH 不适宜，铁、锰、镁等缺少或比例失调，光照、温度不适	针对营养元素亏缺情况调整培养基，调好 pH，调控温度、光照
幼苗生长无力、发黄、落叶、有黄叶，死苗夹于丛生芽苗中	瓶内气体状况恶化，pH 变化过大，久不转接导致糖已耗尽，营养元素亏缺失调，温度不适，激素配比不当	及时转接，降低接种密度，调整激素配比和营养元素浓度，改善瓶内气体状况，控制温度
再生苗的叶缘、叶面偶有不定芽的分化	细胞分裂素用量偏高，或表明该种植物不适于该种再生方式	适当减少细胞分裂素用量，或分阶段地利用这一再生方式
丛生苗过于细弱，不适于生根或移栽	细胞分裂素浓度过高或赤霉素使用不当，温度过高，光照短，光强不足，久不转移，生长空间窄	减少细胞分裂素用量，不用赤霉素，延长光照时间，增强光照，及时转接，降低接种密度，更换封瓶纸的种类

表 4-5　　生根阶段的常见问题及调控措施

常见问题	产生原因	调控措施
培养物久不生根，基部切口没有适宜的愈伤组织	生长素种类、用量不适宜；生根部位通气不良；生根程序不当；pH 不适；无机盐浓度及配比不当	改进培养程序，选用适宜的生长素或增加生长素用量，适当降低无机盐浓度，改用滤纸桥液体培养生根等
愈伤组织生长过快、过大，根茎部肿胀或畸形，几条根并联或愈合	生长素种类不适，用量过高，或伴有细胞分裂素用量过高，生根诱导培养程序不对	调换生长素种类或几种生长素配合使用，降低使用浓度，附加维生素 B_2 或 PG 等减少愈伤组织，改变生根培养程序等

技 能 部 分

技能一
离体根的培养

技能目标

1. 培养方案合理，操作规范、熟练。
2. 外植体选择适宜，消毒彻底。
3. 培养效果良好，出愈率高；污染率<10%。

一、训练前准备

1. 材料、试剂

胡萝卜肉质根，灭过菌的培养基（MS+IAA1. 0mg/L+KT0. 1mg/L），95%酒精，2%次氯酸钠，0. 1%~0. 2%氯化汞，0. 05%甲苯胺蓝，无菌水等。

2. 仪器、用具

超净工作台，无菌打孔器（ϕ5mm），酒精灯，接种工具，刮皮刀，无菌瓶，烧杯（500mL），无菌滤纸，培养皿，玻璃棒，火柴，记号笔，70%酒精棉球，灭菌器等。

二、方法步骤

1. 外植体选择与处理

取健壮的胡萝卜肉质根，用自来水冲净，用刮皮刀削去外层组织 1~2mm 厚，横切成 10mm 厚的切片，然后在超净工作台上将胡萝卜切片放入无菌瓶中，用 2%次氯酸钠消毒 10min，无菌水漂洗 3 次，每次 30~60s。将胡萝卜切片平放在无菌培养皿中，用无菌打孔器沿形成层区域垂直钻取圆柱体若干（图 4-8），然后用玻璃棒轻轻将圆柱体从打孔器中推出，放入装有无菌水的培养皿中。反复操作，直到达到接种数量要求。

2. 接种

从培养皿中取出圆柱体，放在无菌培养皿中，用解剖刀切除圆柱体两端各 2mm 的组织，然后将余下部分分切成 3 片（每片约 2mm 厚，小圆片直径 5mm），用无菌滤纸吸干圆片两面的水分，接种到预先配制的诱导愈伤组织培养基表面。

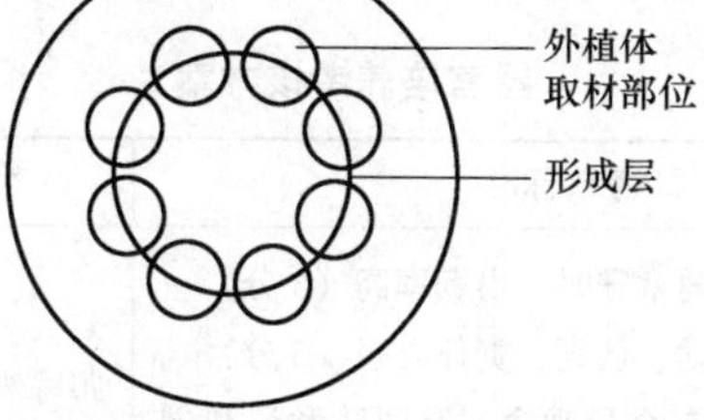

图 4-8 胡萝卜肉质根取材部位（李浚明，朱登云，2005）

3. 培养

置于 25℃恒温箱中暗培养。接种几天后，外植体表面开始变得粗糙，有许多光亮点出现（这是愈伤组织开始形成的症状），3~4 周后形成大量愈伤组织。将长大的愈伤组织切成小块转移到新鲜培养基上，如此反复进行继代培养。

4. 观察记录

用放大镜观察愈伤组织的表面特征。再用解剖针挑取一些细胞置于载玻片上，做成临时装片，在显微镜下观察愈伤组织细胞的特征。也可经甲苯胺蓝染色后再镜检。边观察边记录。

三、注意事项

（1）外植体要求无病、健壮。

（2）用打孔器钻取胡萝卜根的圆柱片时务必打穿组织。

（3）严守无菌操作规程。

四、训练与考核建议

（1）由于器官培养周期较长，取材和移栽驯化又受到季节限制，建议以项目教学形式，多项技能训练同步且交叉进行。实训项目既可以是教师指定，又可以是生产性、科研性项目和学生毕业论文试验项目，学生也可以根据兴趣自主选择项目。教师合理确定实训时间安排，并且加强项目实施过程中的宏观指导及与实训基地教师、工人和生产、管理层面的协调工作；学生按照项目方案和培养进程实际操作，以小组形式自主分析解决实际问题。

（2）项目方案经讨论、批准后执行。项目实施期间，做到第一课堂与第二课堂相结合，最大程度拓展实践教学的时间、空间，达到强化技能训练的目的。

（3）加强过程考核、动态考核和跟踪考核，做到定性与定量考核相结合，并将素质教育考核纳入其中。考核重点是项目方案的科学合理性和可行性、外植体选择与处理方法、培养基的适宜性、无菌操作的规范熟练程度、分析解决问题能力和培养效果等。考核形式灵活多样，并与考核内容相适应，从而充分发挥考核的杠杆作用。器官培养考核方案见表4-6。

表4-6 器官培养考核方案

考核项目	考核标准	考核形式	满分
实训态度	1. 听从指挥，遵章守时，出勤率高（3分） 2. 实训积极主动、认真，责任心强（3分） 3. 积极思考，有全局观念，有团队意识和创新精神（5分） 4. 实训报告字迹工整，记录全面（4分）	跟踪观察 批阅实训报告	15分
方案设计	项目方案科学合理（10分）、经济适用（5分）、可操作性强（5分）	批阅方案	20分
现场操作与管理	1. 按技术要求操作（8分） 2. 操作规范、熟练，工作效率高（6分） 3. 项目管理科学、有效（6分）	现场操作 口试 技能比赛	20分
分析解决问题能力	1. 观察细心、认真，能够及时发现问题（6分） 2. 问题分析科学、客观、准确（7分） 3. 问题解决及时，措施科学合理、有效、针对性强（7分）	口试 讨论 课程论文	20分
培养与驯化效果	1. 建立组培无性繁殖系（10分） 2. 出愈率、分化率高，污染率≤10%（7分） 3. 移栽成活率≥80%（8分）	现场调查	25分

技能二 茎段培养

技能目标

1. 熟练掌握茎段培养的操作流程。
2. 培养方案合理，外植体选择适宜，消毒彻底，无菌操作规范、熟练。
3. 培养的组培苗健壮，出愈率、分化率和生根率高，污染率<10%。

一、训练前准备

1. 材料、试剂

月季或玫瑰枝条；灭过菌的培养基（诱导培养基：MS+BA 0.3~1.0mg/L；增

殖培养基：MS + BA1.0 ~ 2.0mg/L + NAA0.01 ~ 0.1mg/L；生根培养基：1/2MS + NAA0.5mg/L），无菌水，75%酒精，0.1% ~ 0.2%氯化汞，吐温-80 等。

2. 仪器、用具

超净工作台，酒精灯，75%酒精棉球，500mL 烧杯，培养皿，记号笔，无菌瓶，接种工具、基质（珍珠岩、草炭土、蛭石、腐殖土等），育苗盘，塑料钎，多菌灵等杀菌剂，塑料盆等。接种和移栽用品预先消毒。

二、方法步骤

1. 外植体选择与处理

（1）取健壮具有饱满而未萌发侧芽的当年生枝条，切取半木质化的中段，削去叶柄和皮刺，用自来水冲净，剪成带节小段，每段 1 芽。

（2）在超净工作台上，按照 75%酒精 10s→0.1% ~ 0.2%氯化汞 8 ~ 10min→无菌水漂洗 5 次（1min/次）的顺序进行材料灭菌，然后用无菌滤纸吸干表面水分。

2. 接种

切去茎段两端受伤部位，接种到诱导培养基中。每瓶接种 1 个茎段。

3. 初代培养

接种后培养瓶置于 22 ~ 24℃，光强 1500 ~ 2000lx，光照时间 12h/d 的培养室内培养。2 ~ 3 周后，从叶腋处长出 1cm 左右长的腋芽。

4. 继代培养

切下萌发的腋芽，接种到增殖培养基中，侧芽继续伸长并萌发出新的侧枝，4 ~ 5 周后继续分切成单芽茎段进行增殖培养。

5. 生根培养

当苗高 2cm 以上时，切下转接到生根培养基中诱导生根。

6. 驯化移栽

当试管苗具根 3 ~ 4 条、根长达 0.5 ~ 1.0cm 时，不开瓶炼苗 2 ~ 3d，再开瓶炼苗 1 ~ 2d，然后及时移栽到育苗盘中。基质可选河沙、珍珠岩、腐殖土等，预先消毒。移植后覆膜保湿，2 周后逐渐揭膜通风，1 个月后移植到花盆。

三、注意事项

（1）外植体最好选择具未萌发饱满腋芽、半木质化的当年生枝条。

（2）腋芽萌发后及时转接到增殖培养基。

（3）培养过程中跟踪观察，统计各项技术指标，及时分析并有效解决存在的问题，发现污染瓶及时清洗。

四、训练与考核建议

训练与考核重点是外植体的修剪、无菌操作与接种后的布局。

技能三 离体叶的培养

技能目标

熟练掌握离体叶培养的操作流程。

一、训练前准备

1. 材料、试剂

驱蚊草的叶片，已灭菌的培养基（诱导与分化培养基：MS+BA 0.5~1.0mg/L+IAA 0.05~0.2mg/L；生根培养基：1/2MS+NAA0.01~0.2mg/L），无菌水，95%酒精，0.1%~0.2%氯化汞，吐温-80等。培养基预先灭菌。

2. 仪器与用具

超净工作台，酒精灯，75%酒精棉球，培养皿，记号笔，无菌瓶，500mL烧杯，接种工具，基质（珍珠岩、草炭土、蛭石、腐殖土等），育苗盘，塑料钎，多菌灵等杀菌剂，塑料盆等。接种和移栽用品预先消毒。

二、方法步骤

1. 外植体选择与处理

（1）取带叶柄的幼嫩叶片，流水冲洗2h以上。

（2）在超净工作台上，按照75%酒精10s→0.1%~0.2%氯化汞液（加1~2滴吐温-80）8~10min→无菌水漂洗5次（1min/次）的先后顺序进行叶片消毒。用无菌滤纸吸干表面水分，备用。

2. 接种

用解剖刀或手术剪去除叶缘和叶尖后，将叶片、叶柄分别切或剪成0.5cm见方的小叶块和1cm长的叶柄小段，接种到诱导与分化培养基中。注意每个小叶块尽量包含部分中脉（图4-9）。一般要求叶背面朝上平放培养基上，叶柄斜插培养基中。

3. 初代培养

接种后培养瓶置于25℃、光强1000~1500lx、光照16h/d的培养室内培养。4周后陆续有不定芽产生。

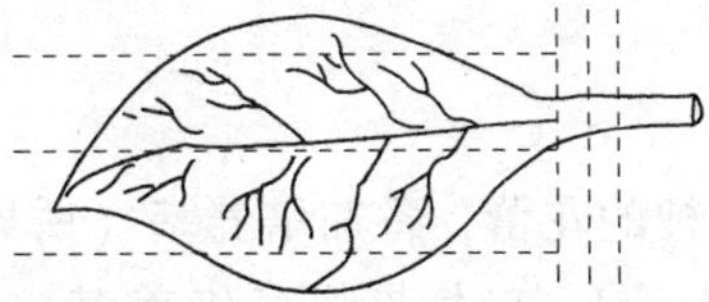

图 4-9 叶片的分切方式（李浚明，朱登云，2005）

4. 继代培养

切下诱导分化的小芽，接种到相同的培养基中进行增殖培养，小芽逐渐长大并形成芽丛。

5. 生根培养

当芽苗高达 2cm 以上，切下转接到生根培养基中诱导生根。

6. 驯化移栽

当芽苗具根 3~4 条、根长达 1.0cm 时，进行移栽驯化。基质可选草炭土、珍珠岩、蛭石、腐殖土等。

三、注意事项

（1）注意叶片的分切部位与分切方法。

（2）根据叶片的幼嫩程度合理选择消毒剂和确定适宜的灭菌时间，防止消毒过度。

（3）接种时，接种工具灼烧灭菌后要充分冷凉后再接种，防止造成叶片、叶柄烫伤。

（4）注意把握愈伤组织分化时机。

（5）跟踪观察记录产生愈伤组织和不定芽的时间，以及出愈率、分化率和污染率等技术指标，及时淘汰劣质苗、污染苗。

四、训练与考核建议

训练与考核侧重外植体分切方式和愈伤组织分化时机的选择。

技能四
花器培养

技能目标

1. 掌握花器培养的操作流程与成苗途径。
2. 外植体选取时间适宜，剥离与切割合理。

一、训练前准备

1. 材料、试剂

番茄和大花萱草带花梗的花蕾，番茄培养基（诱导与分化培养基：Nitsch；生根培养基：MS+IAA 2mg/L），大花萱草培养基（诱导培养基：MS+NAA 5mg/L+KT 0.5mg/L；分化培养基：MS+BA 2mg/L+NAA 0.2mg/L；生根培养基：MS+NAA 0.03mg/L），75%酒精，0.1%氯化汞，5%次氯酸钠，无菌水等。培养基预先灭菌。

2. 仪器与用具

超净工作台，酒精灯，75%酒精棉球，无菌培养皿，记号笔，无菌瓶，接种工具，500mL烧杯，多菌灵，塑料钎，营养土，河沙等。接种工具和移栽用品预先灭菌或消毒。

二、方法步骤

1. 番茄子房的离体培养

（1）外植体选择及处理　开花前3~5d，从生长正常、无病虫害的番茄植株上选取花蕾，流水冲洗0.5~1h后，在超净台上先用75%酒精浸泡30s，再用5%次氯酸钠浸泡5~6min，最后用无菌水冲洗3次，用无菌滤纸吸干水分。

（2）接种　用接种工具去除花梗，剥掉花被，最后取出子房，竖直接种于诱导与分化培养基上。

（3）培养　子房接种后置于23~25℃、12~16h/d的散射光下培养。经过1个月左右的时间，在子房壁上长出愈伤组织，再培养一段时间分化出芽。当芽苗2cm以上时转移到生根培养基上生长，很快形成幼根。

（4）驯化移栽　当根长1~2cm时就可驯化移栽。在温室内不开瓶驯化3d后再出瓶栽植于营养土中，覆膜保湿，4~5d后就可去膜定植。

2. 大花萱草的花器培养

（1）外植体选择及处理　开花前3~5d，从生长正常、无病虫害的大花萱草植株上剪下带花梗的花蕾，流水冲洗0.5~1h后，在超净工作台上进行花蕾表面消毒。具体方法是：先用75%的酒精浸泡30s，再用0.1%氯化汞浸泡6min，最后用无菌水冲洗3~5次，用无菌滤纸吸干水分。

（2）接种　用接种工具将花梗剪成1cm左右长的小段，分离一个个花瓣，用镊子取出子房，然后将花瓣、花梗、子房分别接种于诱导培养基上。子房要竖直插入培养基。

（3）培养　花器接种后置于25℃、10~12h/d、光强1500~2000lx的条件下培养。2~3周产生愈伤组织。当愈伤组织长到一定大小时，将其切成0.5cm见方的小块，转移到分化培养基上，2周后开始形成不定芽，5~6周形成芽丛。通过芽丛分离进行继代增殖。继代周期5~6周。将2~3cm高、粗壮的芽切下，转移至生根培养基上，便可诱导出不定根。

(4) 驯化移栽 当大花萱草的试管苗具根2~4条、根长1~1.5cm时移至温室内炼苗，5~7d后移栽到河沙或腐殖土中。一般移栽成活率达95%以上。

三、注意事项

(1) 用镊子夹取子房时力度要小，子房要竖直插入培养基。

(2) 注意花蕾的采集时间。

四、训练与考核建议

考核重点是外植体的取材时期和剥离。

技能五 种子培养

技能目标

1. 掌握种子培养的操作流程。
2. 外植体选择与处理合理，无菌操作规范、熟练。
3. 菌苗健壮，污染率<10%。

一、训练前准备

1. 材料、试剂

长春花、薰衣草等植物的种子，种子发芽培养基（MS_0 或 $1/2MS_0$），无菌水，75%酒精，2%次氯酸钠等。平板培养基预先灭菌。

2. 仪器、用具

超净工作台，酒精灯，75%酒精棉球，无菌培养皿，记号笔，无菌瓶，接种工具，500mL烧杯等。

二、方法步骤

1. 外植体选择及处理

选取饱满的成熟种子置于烧杯内，在超净工作台上按照75%酒精浸泡10s→2%次氯酸钠浸泡10~15min→无菌水漂洗3次的先后顺序进行种子表面消毒。最后用无菌滤纸吸干种子表面水分。

2. 接种

将消毒的种子接种到平板培养基中，用镊子稍压使种子与培养基紧密接触。

3. 培养

接种后培养皿置于培养箱中暗培养，设定温度26~28℃。10d左右露白，部分种子长出芽。此时应及时转移到光下培养成健壮的无菌苗。注意观察比较不同植物种子培养时的露白和出芽时间。

三、注意事项

（1）种子消毒尽量使用次氯酸钠。

（2）种子发芽前以暗培养为主。

（3）根据种子表面的形态特点选择合适的消毒剂，并确定适宜的消毒时间。

（4）为了打破休眠，需要在培养基中适当添加GA。

四、训练与考核建议

技能训练与考核重点是平板培养基的分装方法和种子消毒效果。

技能六 胚培养

技能目标

1. 掌握胚培养的大致过程。
2. 外植体选择与处理合理，胚剥离准确、熟练。

一、训练前准备

1. 材料、试剂

经层积处理后的成熟饱满的苹果种子，已灭菌的MS培养基，12%~14%次氯酸钠溶液，75%酒精溶液，无菌水，95%酒精等。

2. 仪器、用具

超净工作台，解剖镜，酒精灯，75%酒精棉球，培养皿，记号笔，无菌瓶，接种工具，500mL烧杯等。

二、操作方法

1. 外植体选择及处理

将经层积处理的成熟饱满的苹果种子在蒸馏水中浸泡12h，然后在超净工作台上用75%的酒精浸泡10s，再用12%~14%的次氯酸钠消毒15min，最后用无菌水冲洗3次。

2. 剥离与接种

将1粒种子置于无菌培养皿中，用镊子夹住，用解剖刀先将种皮划破，再用另一把镊子轻轻把种皮剥去，然后用解剖刀沿胚胎的边缘小心地剥去胚乳。分离出胚后，用无菌水将每1个胚冲洗3次，然后接种于MS培养基。

3. 培养

将培养瓶置于黑暗中培养，保持温度25℃，3~4d后转入光下培养，观察其生长状况。

4. 试管苗移栽

待苗长成后，移入温室内盛有蛭石的育苗穴盘中，覆膜保温、保湿，1周后打开1个3~5mm的小缝通风，以后逐渐加大通风口，直到揭去塑料。当长出新叶时，即可移植到大田。

三、注意事项

（1）剥离胚时一定要细心谨慎，尽量完整无损伤；

（2）注意观察胚的位置和成熟度。

四、训练与考核建议

经常解剖成熟与未成熟的种子，观察胚所处的位置和成熟度。

考核重点是区分胚的成熟度。

技能七 组培苗观察

技能目标

1. 熟练掌握组培苗观察的项目与观察方法。
2. 观察记录规范、全面、详细、真实。
3. 针对存在的问题所提出的解决措施科学、有效。

组培苗的观察记录

一、训练前准备

1. 材料、试剂

各种植物的不同培养阶段的培养物，染料、固定液等生理生化检测所需的试剂等。

2. 仪器、用具

直尺，镊子，解剖镜（带显微照相），显微镜（带显微照相），恒温水浴锅，数码相机，钢笔，铅笔，观察记录表等。

二、方法步骤

1. 观察培养物的外观

选取不同培养阶段的培养物进行长势、长相观察和出愈率等技术指标的计算等。观察的内容与方法见表 4-7。

表 4-7　组培苗观察的内容与方法

观察项目	观察内容	观察方法
外植体接种后的变化	外植体的颜色、形态变化；灭菌效果；外植体成活率	目视观察
愈伤组织诱导	愈伤组织形成的时间；长势；长相：颜色、形态、质地、大小、位置；组织细胞有无变异；诱导率（或出愈率）	目视；照相；显微观察；计算
不定芽生长与分化	不定芽开始分化时间；长势；长相：数量、颜色、形态、大小、位置、苗高；组织细胞有无变异；分化率和增殖率、增殖系数等	目视；照相；显微观察；计算
生根情况	开始生根时间；长势：生长状态，根系发达程度；长相：根长、根数、根粗、根色、位置；生根率	目视观察；计算
驯化移栽	试管苗长势；有无变异；计算驯化移栽成活率	目视观察；计算
存在问题	污染类型及污染率；褐化及褐变率；玻璃化及玻璃化苗发生率；其他问题等	目视观察；实际计算

2. 观察培养物内部组织细胞变化

通过化学试验和显微照相、镜检等手段，检查培养物的生长分化是否正常，有无变异等。

3. 填写试管苗调查统计表

组培苗观察记录表见表 4-8。

表 4-8　组培苗观察记录表

观察时间	污染类型	污染率	出愈率	分化率	增殖率	生根率	移栽成活率	生长分化情况	处理建议

接种人或小组：　外植体：　接种瓶数：　每瓶接种数：　接种时间：
诱导培养基：　分化培养基：　增殖培养基：　生根培养基：

4. 提出解决措施

针对培养过程中存在的问题提出解决措施。

三、注意事项

(1) 出愈率、分化率、生根率等技术指标的数据统计一般要求以 30 个培养物调查为依据；培养物的生长量等数据一般是至少 5 个培养物的平均值；污染率、玻璃化发生率、褐化率等数据统计以一次接种的培养物为基数。

(2) 组培苗观察要尊重事实，调查要全面、客观。

(3) 组培苗观察时最好不要手握封口膜处，以防二次污染。

(4) 培养瓶最好不要带出培养室。

温馨提示

组培苗观察是组织培养的常规而又非常必要的工作之一。它是运用理论知识解释组培现象，判断组培正常与否的实践环节。技术指标等数据的统计分析结果将直接作为下一步培养方案调整和常见问题解决的重要依据。因此，需要经常认真观察记录培养物的表现。

四、训练与考核建议

教师要讲清组培苗观察的必要性、重要性，学生分组或个人准备调查表，跟踪观察，并认真记录。

安排组内、组间讨论，并提出解决问题的办法和措施，师生共同评议。

考核重点是观察记录的全面性和数据计算的准确性，以及现象分析与问题解决的办法措施的科学性、有效性。考核形式多采用检查记录、讨论、口试等，定性与定量考核相结合。

思考与练习

一、名词解释

器官培养　茎尖培养　污染　褐化　玻璃化　微繁技术

二、选择性填空

1. 茎尖培养根据培养目的和外植体大小，可分为（　　）培养和（　　）培养。

2. 在茎段基部诱导出愈伤组织是属于细胞（　　）[A. 脱分化；B. 分化] 的结果，再由愈伤组织长出芽（或芽点）主要是属于细胞（　　）[A. 分裂；

B. 分化；C. 再分化］的结果。

3. 植物苗木组培快繁时一般最常用的外植体是（　　）［A. 营养器官；B. 生殖器官］。

三、分析判断

1. 叶片诱导愈伤组织与顶芽直接萌发形成丛生芽相比，哪一种更能保持遗传性状稳定？哪一种繁殖系数更高？哪一种繁殖速度更快？

2. 离体根的培养只能培养出根吗？

3. 为什么叶片外植体常常要求带部分叶脉？

4. 培养基上滋生的菌落呈棉絮状，颜色发黑，你认为是哪种微生物污染？为什么？

四、思考并回答

1. 为什么说植物器官培养是组织培养的一个最重要的方面？

2. 普通茎尖培养时，怎样选择和处理外植体？茎尖培养过程中会出现什么现象？怎样解决？

3. 器官培养包括哪些类型？茎段培养与茎尖培养有什么主要区别？

4. 花器官培养通常指花的哪些部分培养？常用的基本培养基是什么？

5. 植物胚胎培养分为哪些类型？各有什么特点和要求？胚胎培养有何重要意义？

6. 简述培养物污染、褐化和发生玻璃化的原因及预防措施。

7. 设计某种植物组培方案时要考虑的因素有哪些？

8. 设计以非洲菊花托为外植体进行组培快繁的操作流程。

项目五
植物脱毒技术

知识目标

1. 理解无毒苗培养的意义。
2. 理解组织培养脱毒的原理。
3. 掌握组织培养脱毒的方法和培养流程。
4. 掌握病毒的科学检测原理和方法。
5. 掌握无毒苗木及种质资源的保存和利用方法。

能力和技能目标

1. 能正确使用解剖镜进行微茎尖剥离。
2. 能对无毒苗实施鉴定。
3. 能对马铃薯实施脱毒培养。

思政育人目标

培养团队协作的意识和精神。

植物脱毒技术

启示故事

专业细化到团结协作

大雁有一种合作的本能，它们飞行时队列都呈 V 形。这些雁飞行时定期变换领头雁，因为为首的雁在前面开路，能帮助它两边的雁形成局部的真空。科学家发现，雁以这种形式飞行，要比单独飞行多出 12%的距离。合作可以产生一加一大于二的倍增效果。

据统计，诺贝尔获奖项目中，因协作获奖的占三分之二以上。在诺贝尔奖设立的前 25 年，合作奖占 41%，而现在则跃居 80%。

启示：分工合作正成为一种企业中工作方式的潮流，被更多的管理者所提倡。如果我们能把容易的事情变得简单，把简单的事情也变得很容易，我们做事的效率就会倍增。合作，就是简单化、专业化、标准化的一个关键，世界正逐步向简单化、专业化、标准化发展，于是合作的方式就理所当然地成为这个时代的产物。一个由相互联系、相互制约的若干部分组成的整体，经过优化设计后，整体功能能够大于部分之和，产生 1+1>2 的效果。

理论部分

在自然界中植物病毒侵染植物的范围相当广泛，很多植物病毒危害的对象是与人类生活密切相关的作物，比如粮食、油料作物、果树、蔬菜、药材、林木和花卉等各种植物。病毒侵染已成为农作物和园艺作物生活力、产量、品质下降，及植株大面积死亡的重要原因之一，给农业生产造成巨大的危害和损失。植物病毒侵染植株可导致植物细胞和组织结构发生变化，进而引发植株颜色变化、黄化、退绿、坏死、枯斑和缺水等现象；或导致植物组织和细胞的不正常生长，如植株矮化、木栓化、叶片卷曲、变形等。病变还可造成植物果实减小，产量减少。例如小麦、水稻黄矮病一般减产 20%~30%；柑橘衰退病曾使巴西大部分的柑橘园毁灭；1955 年，在河北中部爆发的马铃薯退化病发病率为 85%~90%，减产 50%~70%，造成当地马铃薯产量很低，不能留种，给农民带来巨大的损失。

为了防治植物病毒对农业生产造成的危害，各国都积极致力于抗病毒农药的研究，但由于病毒复制与植物代谢密切相关，而且有些病毒的抗逆性很强，至今仍没有一种特效药物能够达到有效防治病毒危害，却不伤害植物的要求。20 世纪 50 年代，人们发现通过组织培养途径可以除去植物体内病毒。此后，通过组织培养来培育脱毒苗，成为满足农作物和园艺植物生产发展需要的有效手段。

单元一 脱毒苗培育的意义

一、脱毒苗的含义

一些作物经过几代种植，品质一般都呈现不同程度的退化，在蔬菜、果树、花卉等作物上表现得尤为突出。根据长期的研究，农作物品质衰退的原因主要是植物病毒的感染。为获得高产，生产中就必须培育出脱毒苗。

所谓脱毒苗是指不含有该种植物的主要危害病毒，即经过检测主要病毒在植物体内的存在表现为阴性反应的苗木，又称为“无毒苗”。应当指出，所谓“无毒苗”只是相对而言。实际上，植物常常受到多种类型病毒的侵染，还有可能带有某些未知病毒，通过脱毒培养只能去除主要危害的几种病毒。因此，脱毒苗称为“特定无毒苗”或“检定苗”更为恰当。

我国的农业科技工作者，利用生物技术措施，从感染病毒的植株中获得了无病毒种植的苗木材料。如马铃薯植株的顶端分生组织很少或没有病毒，常采用顶端分生组织培养技术得到无病植株，即脱毒马铃薯。用这种植株结出的薯块来作为原种，繁殖更多的无病毒种薯，供生产中大面积推广使用。脱毒苗技术现在也运用到了花卉、果树、蔬菜、药材等生产中，以生产出优质无病毒果树、花卉等。

二、脱毒苗培育的意义

通过植物组培脱毒技术来生产脱毒苗可使植株原有的优良性状重新表现出来，同时使植物的生长性能大大增强，有效提高植物生长指标和经济指标。研究表明，脱毒试管苗比常规苗有更好的生长性能、较高的商品价值和生产利用价值。花卉苗木脱毒后花色鲜艳、品质优良，提高了其观赏价值和商品性；经济林和用材林苗木脱毒后，能保持其优良性状，使其生长迅速，增加结果量，提高果实品质和木材利用率；农作物脱毒后表现出生长良好，单位产量和质量提高，市场竞争力增强，达到增产增收的目的。另外，植物经脱毒后自身抗逆性提高，对病虫害的抗性增强，如甘薯脱毒后可增强抗茎线虫病能力；脱毒苗的生产采用组织培养方式可以大大缩短繁殖周期，提高繁殖系数，生产不再受季节限制。

通过组织培养手段培育脱毒苗已成为农作物、园艺植物、经济作物优良品种繁育、生产中的重要环节。不少国家十分重视这项工作，把脱除病毒纳入常规良种繁殖的一个重要程序，建立了大规模的无病毒生产基地，为生产提供无病毒优良种苗，并已在生产上发挥了重要作用。

单元二 脱毒方法介绍

目前，组织培养应用的脱毒方法有热处理法、微茎尖培养法、茎尖培养结合热处理法、茎尖微体嫁接法、愈伤组织培养法、花药培养法等。其中，前三种脱毒方法最常用，也最容易掌握。实践中，往往根据植物和待检病毒种类、特性的不同，采取不同脱毒方法组合处理，以提升脱毒效果。

一、热处理法

1. 热处理脱毒原理

热处理法主要是利用病毒和寄主植物耐高温的差异性。高温对植株本身无伤害或伤害较小，但可使植物体内的病毒部分完全被钝化，病毒活性被钝化后，在植物体内增殖减缓或停止增殖，从而失去继续侵染的能力。热处理并不能杀死病毒，只能抑制病毒活性，并作为一种物理效应可以加速植物细胞的分裂，使植物细胞在与病毒繁殖的竞争中取胜。热处理法可以通过热空气或热水进行，热水更适用于休眠芽的处理，热空气对活跃生长的茎尖处理效果较好。

2. 热处理方法

（1）温汤浸渍处理　该方法是将休眠器官、切下的接穗或种植材料放在50~55℃的温水中，浸渍数分钟至数小时，以使一些热敏感的病毒失活。此法简便易行，但易使材料受伤。为避免长时间浸泡对植物材料的伤害，一般采用热空气处理法。

（2）热空气处理法　热空气处理比较容易进行，将生长旺盛的盆栽植株、种球、愈伤组织、离体瓶苗等移入热疗室或生长箱内，以35~40℃的温度处理几十分钟至数月。具体处理温度和时长应考虑到被处理植物种类、器官类别、生理状况，以及待脱除病毒的种类等因素。如香石竹需在38℃下连续处理2个月，而草莓在36℃下处理6周即可。

处理时，最初几天空气温度应逐步增高，直到达到要求的温度为止。若钝化病毒所需要的连续高温处理会伤害被处理植物，则可以使用变温处理法，即昼夜或隔日高低温交替处理。如为消除马铃薯卷叶病毒，每天40℃处理4h和16~20℃处理20h交替进行，既清除了芽眼中的病毒，又保持了芽的活力。

在热处理期间，热疗室或生长箱中除了要保持所需温度之外，还应保持适当的湿度和光照。如对香石竹进行脱毒热处理时，室内相对湿度必须保持在85%~95%之间。

3. 热处理法的不足

热处理方法简单，脱毒效果明显，但仍存在局限性。该方法对植物组织伤害较大，处理过程中极易使植物材料受热枯死，造成损失。而且热处理法不能去除所有病毒，因为并非所有的病毒都对热处理敏感。一般来说，对圆形病毒（如苹果花叶病毒）、线状病毒（如马铃薯卷叶病毒）以及由类菌质体引起的病害有效，而对杆状病毒（如千日红病毒）无效。延长热处理时间，可以增强病毒钝化效果，但同时也可能会钝化植物组织中的抗性因子，致使被处理植物抗病毒因子难于活化，从而降低无毒植株的发生率。

二、微茎尖培养脱毒法

1. 微茎尖培养脱毒法原理

1943 年，White 首先发现在感染烟草花叶病毒的烟草植株生长点附近病毒的浓度很低，甚至没有。随后许多学者研究证实，病毒在植物体内的分布是不均匀的，在茎尖分生组织中一般不含病毒或是只携有低浓度的病毒。分生组织之所以能避免病毒的侵染主要有两个原因。第一，病毒在分生组织中移动缓慢。在一个植物体内，病毒主要是通过维管系统移动，但在分生组织中不存在维管系统；其另一个移动途径是通过胞间连丝，但移动速度很慢，难以追赶上活跃生长的茎尖。第二，病毒在分生组织中无法旺盛繁殖。分生细胞代谢活性很高，使病毒无法进行复制，而且茎尖中存在的高水平内源生长素，可以抑制病毒的增殖。

2. 脱毒操作

（1）病毒种类及分布的诊断　在实施脱毒操作之前，应根据植物所携带的病毒种类及其在体内的分布状况，确定切取茎尖的大小。病毒分布少，切取的茎尖可稍大，否则宜小。

（2）外植体的选择　在应用组培方法获得脱毒苗时，所用的外植体可以是茎尖，也可以是茎的顶端分生组织。顶端分生组织指的是茎的最幼龄叶原基上方的一部分，最大长度约为 250μm。茎尖则是由顶端分生组织及其下方的 1~3 个幼叶原基一起构成的。顶端分生组织中含有病毒的概率更小，但培养较为困难，因此实际操作中常以茎尖为外植体进行脱毒处理。

在选取外植体时，应考虑作为外植体材料来源的母体植株是否具有原品种的典型特性，这关系到培养的脱毒苗品质。其次要考虑感染病毒的程度和携带病毒的多少，在感染病毒程度较轻、携带病毒较少的植株上采集外植体，利于成功培养出脱毒苗。

为了获取表面不带病原菌的茎尖外植体，可对母体植株进行预处理。在切取茎尖前，将母体植株栽种在温室内无菌的盆土中培养，最好定期喷施杀菌剂。对于田间种植的母体植株，可以切取插条插入营养液中，在其腋芽抽生的枝条上选取外植体，这比从田间直接取材的污染率要小得多。

（3）微茎尖的剥离　在剥取茎尖外植体前，需对茎芽进行表面消毒。叶片包被严紧的芽，如菊花、兰花的芽，只需在 75%酒精中浸泡几秒，然后用无菌水冲洗 3~4 次即可；叶片包被松散的芽，如香石竹、大蒜、马铃薯的芽，则要用 2%次氯酸钠（商品次氯酸钠为 10%）表面消毒 5~10min，无菌水冲洗 3~4 次。实际操作时应灵活运用这些消毒方法。

脱毒处理所用到的外植体太小，一般需要在具有放大功能的解剖镜下操作。在解剖镜下，一手用镊子按住茎芽，一手用解剖针剥掉层层叶片和叶原基，直至茎尖露出，再用解剖刀切下300~500μm的微茎尖。以上操作必须在严格无菌的超净工作台中进行，所用器具都应消毒。解剖时超净工作台的气流和解剖镜光源散热很容易使茎尖变干，因此茎尖暴露的时间越短越好，或者在衬有无菌湿滤纸的培养皿内进行解剖，以防止外植体变干。

（4）接种与培养　微茎尖剥离后，应尽快接种在培养基上。接种时应使茎尖向上，不能埋入培养基内，并确保微茎尖不能与芽的较老部分、解剖镜台或持芽的镊子接触，避免材料污染。

接种完成后，置于23~27℃、光照10~16h/d、光强1000~5000lx的条件下培养。微茎尖培养必须保证较高的温度和充足的光照时间，否则在低温和短光照条件下，茎尖容易进入休眠状态。微茎尖初代培养需数月才能完成，其后续培养与茎段培养相同。

3. 影响微茎尖培养的主要因素

（1）外植体大小　微茎尖培养中最主要的影响因素就是茎尖的大小。理论上讲，茎尖越小，获得无病毒植株的机会越高，但是培养越困难，成活率越低，变异也增大；茎尖越大，则与之相反。实践证明，茎尖剥离时不带叶原基，其脱毒效果最好，但成活率最低；而带1~2个叶原基的茎尖培养，一般可获得40%以上的脱毒苗。因此，一般无病毒植物都是通过培养100~1000μm长，带1~2个叶原基的茎尖外植体获得。

实际培养中，茎尖的具体大小会根据脱毒植物及感染病毒的不同而有所变化。通过表5-1，我们可以看到不同植物或同种植物感染不同病毒后，脱毒培养中茎尖的适宜大小是不同的。

表5-1　部分植物脱毒培养中茎尖的适宜大小

植物	病毒	茎尖大小/mm
甘薯	斑纹花叶病毒	1.0~2.0
	缩叶花叶病毒	1.0~2.0
	羽毛状花叶病毒	0.3~1.0
马铃薯	马铃薯Y病毒	1.0~3.0
	马铃薯X病毒	0.2~0.5
	马铃薯卷叶病毒	1.0~3.0
	马铃薯G病毒	0.2~0.3
	马铃薯S病毒	0.2以下
香石竹	花叶病毒	0.2~0.8
大丽花	花叶病毒	0.6~1.0
甘蔗	花叶病毒	0.7~3.0

续表

植物	病毒	茎尖大小/mm
矮牵牛	烟草花叶病毒	0.1~0.3
草莓	各种病毒	0.2~1.0

（2）外植体的生理状态　茎尖最好由活跃生长的芽上切取，培养顶芽茎尖比培养腋芽茎尖效果好。但顶芽在每个枝条上只有一个，而腋芽有好几个，为了增加脱毒植株的数量，实际操作中往往还要采用腋芽。除了选取的部位，取芽的时间也是一个重要因素，特别是对于表现周期性生长习性的植物来说。一般在北方地区，茎尖培养应在春季进行，在所研究过的大多数马铃薯品种中，在春季和初夏采集的茎尖比在较晚季节采集的容易生根。

（3）培养基　微茎尖培养时，一般以 White、Morel 和 MS 培养基作为基础培养基。如果是培养不带叶原基的微茎尖时，还需要在培养基中适当提高激素的浓度。为了使培养的脱毒苗能保持原品种的特性，应避免使用容易促进外植体愈伤组织化的植物激素。如生长素类应使用 NAA 或 IBA，而避免使用 2,4-D；细胞分裂素类可用 KT 或 BA。GA_3 对某些植物微茎尖培养有利，如在大丽花中，加入 0.1mg/L GA_3 能抑制愈伤组织的形成，有助于植株更好地生长和分化。

（4）培养条件　在茎尖培养中，光照是重要条件之一，对脱毒苗的生长有着较大的影响。一般来讲光培养的效果要比暗培养好。在多花黑麦草中，光培养（6000lx）中的茎尖有 59%能再生植株，而暗培养中只有 34%。在马铃薯中，建立茎尖培养物的最适光照强度是 100lx，但 4 周后应增加到 200lx，当茎已长到 1cm 高时，光照强度还应进一步增加到 4000lx。但暗培养对于某些植物也是必须的，如进行天竺葵茎尖培养的时候，需要有一个完全黑暗的时期，这可能有助于减少多酚物质的抑制作用。

脱毒培养时的温度一般以标准室温（25±2）℃为宜。

三、其他脱毒法

其他脱毒方法简介见表 5-2。

表 5-2　　其他脱毒方法简介

脱毒法	原理	方法	应用	特点
茎尖培养结合热处理脱毒法	融合了茎尖培养和热处理脱毒法的原理	将植株在高温下处理，再切取茎尖进行培养	该方法可以有效脱除水仙病毒；用于百合珠芽脱毒，脱毒率达 100%	脱毒效率高，可使用大的外植体，能增加无病毒植株数

续表

脱毒法	原理	方法	应用	特点
愈伤组织培养脱毒法	愈伤组织增殖速度比病毒复制速度快，且可能产生抗病毒变异，所以细胞并非全部含有病毒	通过外植体培养来诱导产生愈伤组织，从愈伤组织再分化出芽，长成无毒苗	该方法先后在马铃薯、天竺葵、大蒜、草莓等多种植物上获得成功	此法外植体选择面广，但脱毒苗变异率较高，不利于母体植株优良品性的保存
茎尖微体嫁接脱毒法	木本植物茎尖培养难以生根形成植株。如果将微茎尖嫁接在无菌砧木上培养，可获得完整的脱毒苗	切取微茎尖作为接穗，嫁接到试管中培养的无菌实生砧木上，继续进行试管培养，愈合成为完整植株	该方法是获得无病毒柑橘的最有效方法；在杏、桉树和山茶等植物中，也有非常好的脱毒效果	该方法解决了某些木本植物利用茎尖培养生根困难、生长缓慢的问题，并可使复合侵染的病毒分离
抗病毒药剂处理脱毒法	抗病毒药剂经培养基进入染病植株后，会阻止或抑制病毒复制，达到除去病毒的目的	将染病植株接种在含抗病毒试剂的培养基中，培养一段时间，切取茎尖进行茎尖脱毒培养	对脱除存在于苹果植株体内的退绿叶斑病毒和苹果茎沟病毒效果明显	此法成活率高于一般的微茎尖培养，但使用不当容易产生药害，且不能脱除所有病毒
珠心胚培养脱毒法	珠心胚与植株之间无维管系统联系，往往不含病毒，其又保持着母体植株的遗传特性，可作为外植体培育脱毒苗	自然条件下，珠心胚一般不能发育成熟，将其从种子中剥离出来，接种在培养基上，才能培养成植株	多用于具多胚性的植物，对于除去柑橘主要病毒十分有效	该法脱毒率可达100%，但长成的植株会出现长势过旺、结实太迟、呈现野生性状等问题，使其应用受到限制
花药培养脱毒法	花药培养脱毒的原理还不太清楚。有可能是诱导愈伤组织形成的某一过程中脱掉了病毒；也有可能是病毒的复制速度赶不上愈伤组织的增殖速度而脱掉了病毒	花药经诱导产生愈伤组织，再将愈伤组织转入分化培养基，培养形成无病毒植株	该方法已广泛用于草莓无毒苗的生产	可快速培育大量脱毒苗，且可省去脱毒效果鉴定工作，但需做倍性检测

单元三 脱毒苗鉴定方法介绍

由外植体培养得到的植株并非全部脱毒，有时只有百分之几十甚至十几的脱毒率。因此，在以脱毒培养物为母株扩增生产无病毒原种之前，必须经过严格的脱毒效果鉴定，确证无特定病毒存在。由于植株中许多病毒具有延迟的恢复期，所以在最初18个月中每隔一定时间仍需进行鉴定。病毒检测常用的方法有直接检测法、指示植物法、抗血清鉴定法、酶联免疫吸附测定法、电子显微镜法和分子生物学检测法等。其中，指示植物法和抗血清检测法是目前国内外常用的病毒鉴定方法。

一、直接检测法

对于非潜隐性病毒，可以通过直接观察的方法，看植株的茎叶是否有该病毒所有可见症状，来判断植株有无感染病毒。植物病毒引起植株的症状是各异的，外部症状主要表现为变色、坏死、畸形、萎蔫。①变色：包括退绿、黄化、花叶、斑驳、红叶等，常见病毒有香石竹斑驳病毒、黄瓜花叶病毒、芋花叶病毒等。②坏死：常见的坏死是由于病斑或斑点，有轮斑、环斑、条斑等。③畸形：植株可出现矮缩、矮化或叶片皱缩、卷叶、蕨叶等病状。④萎蔫：主要是指植物根或茎的维管束组织受到破坏而发生供水不足所出现的凋萎现象。

这种方法简单直观，但对于在寄主植物上并不表现明显可见症状，或只有经过相当长的时间才表现可见症状的潜隐性病毒不适用，对于这类病毒还需要更加灵敏可靠的检测手段。

二、指示植物法

指示植物法是指利用病毒在其他植物上产生的枯斑作为鉴别病毒种类的标准，又称为枯斑法。这些对某种或某些特定病毒非常敏感，而且症状表现十分明显的植物称为指示植物，又称为鉴别寄主。指示植物一般分为两种类型：一类是接种病毒后产生的症状可扩张到植株非接种部位，通常没有局部病斑；另一类是只在接种部位产生局部病斑。表5-3列出了几种常见植物病毒的指示植物。

表5-3　几种植物病毒的指示植物

植物病毒种类	主要指示植物
马铃薯X病毒	千日红、曼陀罗、辣椒、番茄、心叶烟
马铃薯Y病毒	野生马铃薯、洋酸菜、曼陀罗

续表

植物病毒种类	主要指示植物
马铃薯卷叶病毒	洋酸菜
柑橘衰退病毒（CTV）	墨西哥来檬
苹果茎沟槽病毒（SGV）	弗吉尼亚小苹果
苹果茎痘病毒（SPV）	弗吉尼亚小苹果、君柚
苹果退绿叶斑病毒（CLSV）	俄国大苹果、大果海棠
葡萄卷叶病毒（GLRV）	黑比诺、赤霞珠、品丽珠等

作为理想的指示植物需要满足以下要求：

①可作为被检测病毒的寄主。病毒的寄主范围是不同的，因此指示植物要根据被检测病毒的种类进行选择。

②一年四季都能栽培。脱毒苗的生产不受季节的限制，相应的用作病毒检测的指示植物也应不受季节影响。

③能够较长时期内保持对病毒的敏感性。

④能在较广的范围内具有同样的反应。

针对病毒侵染途径的不同，指示植物法可分为汁液涂抹法和嫁接检测法。

（1）汁液涂抹法　汁液涂抹法主要用于草本植物的脱毒鉴定，适用于鉴定通过汁液传播的病毒。该方法是将待测植物的幼叶置于研钵中，加入少量水和等量的0.1mol/L的磷酸缓冲液（pH 7.0），研磨成匀浆，再加入少量500~600目金刚砂。用纱布或棉球蘸取含金刚砂的浆液在指示植物叶片上轻轻摩擦，以汁液进入叶表皮细胞又不损伤叶片为度。5min后用水清洗叶面。接种后将指示植株置于有防蚜虫网罩的温室内，在半遮阴、温度15~25℃的条件下培养。如接种植物的浆液含有病毒，数天至几周后，指示植物即可出现可见的症状。利用指示植物法鉴定时，一般以早春为宜，因为此时嫩叶或花瓣刚萌发，接种成功率较高，5月份以后接种较难成功，从而影响检测结果的正确性。

（2）嫁接检测法　有些病毒不是通过汁液传播，而是通过专门的介体传播的，如草莓黄花病毒、草莓丛枝病毒是通过一种特殊的蚜虫为介体进行传播的。这类病毒的鉴定，需要将培养植株的芽嫁接在指示植物上，根据指示植株的病症来判断是否脱除了病毒。一般木本植物和一些无性繁殖的草本植物的脱毒鉴定常用嫁接检测法。嫁接方法主要有以下三种：

①直接嫁接法：将待检植物的芽片或小叶直接嫁接在指示植物上。

②双芽嫁接法：在休眠期剪取指示植物和待检植物的接穗，萌芽前分别把带有两个芽的指示植物接穗与待检植物接穗同时切接在实生砧木上，指示植物接穗接在待检接穗上方。

③双重芽嫁接法：先将指示植物的芽嫁接到实生砧木基部距地面10~20cm

处，再在接芽下方嫁接待检植物的芽，两芽相距2~3cm。成活后剪去指示植物芽上部的砧干。

指示植物法操作方便、方法简单、成本较低，但存在灵敏度低、检测时间长，并且难以区分病毒种类等问题。

三、抗血清鉴定法

植物病毒是由蛋白质和核酸组成的核蛋白，因而也是一种抗原，注射到动物体内可产生抗体，有抗体存在的血清叫抗血清。病毒作为抗原与其相对应抗体的抗血清之间会发生沉淀反应，即免疫反应。因而用被鉴定的组培苗的汁液作为抗原，加入已知病毒的抗血清中，观察其反应，可判知被鉴定植物有无病毒和病毒种类，此法称为抗血清鉴定法。

抗血清鉴定法首先要进行抗原的制备，只有获得高纯度的抗原，才有可能获得高纯度的抗血清，获得抗原和抗血清之后，可进行免疫沉淀反应。将待测植株的一滴液汁加入到几种不同的抗血清中，在哪一种抗血清中出现沉淀，就证明该植株带有哪一种病毒。利用抗血清鉴定时要注意避免叶绿体的自发凝聚，可用磷酸缓冲液提取汁液，再用氯仿处理除去叶绿体。另外，抗原和抗体的比例要适当，抗原过量时会抑制沉淀的生成。

抗血清鉴定法具有高度的特异性，鉴定速度快，一般几小时甚至几分钟就可完成，但也存在抗体制备费时费力、一次只能检测一种病毒、检测多种病毒时灵敏度低、经常存在假阳性反应等缺点。

四、酶联免疫吸附法

酶联免疫吸附法（enzyme linked immunosorbent assay，ELISA）是将抗原-抗体免疫反应和酶的催化反应相互结合而发展起来的一种免疫酶技术。将酶与抗体（或抗原）结合，制成酶标抗体（或酶标抗原）。将抗体固定在固相载体上，加入待检植物组织提取液（抗原），然后加入酶标抗体，待抗原和抗体充分结合后，洗去未与抗原结合的多余酶标抗体。再加入底物，底物经酶催化生成有色产物，最后可通过肉眼识别或用分光光度计检测判定有无病毒存在。该方法灵敏度高、特异性强，是一种发展迅速、应用广泛的病毒鉴定法。

五、其他鉴定方法

1. 电镜检查法

该方法是利用电子显微镜直接观察被鉴定植物组织的提取液是否存在病毒颗粒，并进一步观察病毒颗粒的大小、形状和结构，由于这些特征相当稳定，可作为病毒种属鉴别的依据。这种方法对于检测潜伏病毒非常有用，并能定量测定病毒，且有较高的灵敏度和准确率。但此法检测设备昂贵、技术复杂，难以作为常规检测方法使用。

2. 反转录聚合酶链反应（RT-PCR）检测法

经脱毒培养获得的培养物中病毒含量一般较少，因此病毒检测结果的准确性往往受到检测方法灵敏度的影响。RT-PCR 检测法通过体外扩增病毒核酸，使核酸含量上升了几万倍，再结合凝胶电泳技术来鉴定培养物是否含有病毒。这样即使在病毒含量极低的情况下，仍能保证结果的准确性。

RT-PCR 的基本步骤是以被鉴定病毒的 RNA 为模板，根据病毒基因序列设计合成引物，反转录合成病毒 cDNA，然后进行 cDNA 扩增，扩增产物利用琼脂糖凝胶电泳进行检测。该技术与 ELISA 相比，不需制备抗体，具有灵敏度高、特异性强、检测快捷等优点，是极具发展前途的检测方法。

3. 核酸斑点杂交技术（NASH）

NASH 法是根据互补核酸单链可以相互结合的原理，将一段核酸单链以某种方式加以标记制成探针，再与互补的待鉴定病毒的核酸杂交，检测带探针的杂交物以指示病毒的存在。该方法灵敏度较高，特异性较强，但是在检测大量样品时，存在探针分离困难的问题。

植物组织培养脱毒产业的兴起，需要完成大量的病毒检测，这促使脱毒苗鉴定的方法愈加完善，并呈多样化发展。增强检测的准确性除了开发出应用简便、灵敏度高、适用于多种病毒检测的检测方法之外，选择合适的检测方法也有很大的影响。检测方法多种多样，在实际应用中，应从被鉴定植株和病毒特性、灵敏度要求、检测成本等多个角度考虑，选择最适合的检测方法来完成病毒鉴定。

单元四 脱毒苗的保存与繁殖

一、脱毒苗的保存

脱毒苗需经复杂的脱毒培养和严格的病毒检测才可获得，但脱毒苗并非具有额外的抗病性，它们有可能被病毒再次感染。所以一旦培育得到脱毒苗，就应很好地隔离与保存，脱毒苗构成的原种或原种材料保管得好，可以保存利用 5~10 年。

1. 隔离保存

隔离保存主要是通过切断病毒传染途径以避免脱毒苗再次受到病毒侵染。植物病毒的传播媒介主要是昆虫、土壤及已染病植株。针对昆虫特别是蚜虫引起的病毒传播，应将脱毒苗种植在隔离网室中，网纱 300 目，孔径 0.4~0.5mm，以防止蚜虫或其他昆虫的进入。病毒会以土壤中的真菌和线虫为媒介进入脱毒苗，所以栽培用的土壤应进行消毒，周围环境也要求整洁，并定时喷施农药防治虫害，以保证脱毒苗和脱毒植株是在与病毒严密隔离的条件下栽培繁殖。已染病的植株在储存、运输、播种过程中会造成病毒的扩散，因此应定期对脱毒苗进行检测，及时将染病植株清除，杜绝病毒在脱毒苗中的大面积扩散。有条件的地方，可以将脱毒苗的种植保存选择在海岛或高岭山地，那里气候凉爽、虫害少，有利于脱毒材料的生长和保存。

2. 长期保存

以上保存方法只适用于脱毒苗的短期保存，要想长期保存通常需要将脱毒的幼苗接种到培养基上，在低温或是超低温条件下离体保存。将脱毒苗放在4℃冰箱内，隔绝光照，可保存1年左右；如将其放入液氮（-196℃）中，可保存更长时间。

二、脱毒苗的繁殖

经脱毒培养获得的脱毒苗在数量上远远无法满足田间生产的需求，通过快繁技术获得大量的无毒且保留母株优良品质的原种是非常重要的。脱毒苗的扩繁主要采用无性繁殖方法，如嫁接、扦插、压条、匍匐茎繁殖和微型块茎（根）繁殖等。

①嫁接繁殖：从通过病毒鉴定的脱毒母本植株上采集穗条，嫁接到实生砧木上；

②扦插繁殖：硬枝扦插应于冬季从脱毒母株上剪取芽体饱满的成熟休眠枝，经沙藏之后，于次年春季剪切扦插；

③压条繁殖：将脱毒母株上1~2年生枝条水平压条，土壤踩实压紧，保持湿润，压条上的芽眼萌发出新梢，不断培土，至新梢基部生根；

④匍匐茎繁殖：一些植物的茎匍匐生长，匍匐茎上芽易萌动生根长成小苗，如草莓、甘薯；

⑤微型块茎（根）繁殖：从脱毒的单茎苗上剪下带叶的叶柄，扦插到育苗箱沙土中，保持湿度，1~2月后叶柄下长出微型薯块，即可用作种薯。

单元五 马铃薯脱毒技术

马铃薯是世界上许多国家和地区的重要粮食作物和蔬菜种类，但其在种植中普遍存在种性退化问题，表现为植株长势衰弱、株型矮化、分支变少、薯块变小、产量降低。经检测证明这是由于病毒侵染引起的退化现象。危害马铃薯的病毒有20多种，常见的有马铃薯X病毒（PVX）、马铃薯Y病毒（PVY）、马铃薯S病毒（PVS）、马铃薯卷叶病毒（PLRV）等。马铃薯生产多以无性繁殖，无法通过种子自然脱毒，造成了病毒的逐代积累，使病害成为影响马铃薯产量的重要因素。1955 年以后，利用茎尖培养技术对马铃薯进行脱毒处理获得无病毒植株，显著提高了马铃薯的产量和质量。

一、茎尖脱毒技术

1. 茎尖热处理与剥离

（1）热处理　许多研究证明，马铃薯品种经严格的茎尖脱毒培养后仍然携带病毒并不是操作不严或后期感染所致，而是因为某些病毒也能侵染茎尖分生区域，如马铃薯 X 病毒和马铃薯 S 病毒。无论是单独侵染其中一种病毒还是同时被两种病毒侵染，都无法仅仅通过茎尖培养完全消除，茎尖培养脱除马铃薯 X 病毒和马铃薯 S 病毒的成功率仅为 1%以下。只有采用热疗方法与茎尖培养相配合，才能达到彻底清除病毒的目的。

热处理在茎尖培养期间进行或在切取茎尖之前的母株上进行均可。后一种方法的优点是从处理后的母株上，有可能切取较大的外植体进行培养，因而增加了无毒植株的成活率。针对不同的马铃薯病毒，热处理的温度和时间有所不同。如对于马铃薯 X 病毒和马铃薯 S 病毒，在茎尖培养中建议采用 35~38℃，处理 8~18 周。为清除马铃薯纺锤形块茎病毒要采用两个连续的热处理周期对植株进行处理，第一个周期处理 2~14 周，切取茎尖进行培养后，选只有轻微感染的植株再进行 2~12 周的热处理，经二次处理产生的部分植株就会完全不带马铃薯纺锤形块茎病毒。为消除马铃薯卷叶病毒，会采用 40℃（4h）和 20℃（20h）两种温度交替处理，以避免连续高温处理对培养茎尖造成损伤。

（2）取材和消毒　供培养用的茎尖最好取自活跃生长的芽，顶芽的茎尖生长要比取自腋芽的快，成活率也高。直接从田间采下的顶芽或腋芽接种时污染率高，为了容易获得无菌的茎尖，应把供试植株种在无菌的盆土中，并放在温室中进行栽培；或将带顶芽的茎段切下带回后，在营养液中培养 2~3 周。此外，给植株定期喷施杀菌剂也十分有效，如多菌灵（0.1%）和链霉素（0.1%）的混合液。一般说来，经过以上处理措施，加上茎尖分生组织又被彼此重叠的叶原基保护，茎尖病毒含量会大大降低。

在切取茎尖之前必须对植株进行表面消毒以避免污染。消毒的方法是将顶芽或侧芽连同部分叶柄和茎段一起在 2%次氯酸钠溶液中处理 5~10min，再用无菌水冲洗 2~3 次；或者先用 70%酒精处理 30s，再用 10%漂白粉溶液浸泡 5~10min，然后无菌水冲洗 3~4 次，消毒效果可达 95%以上。

（3）茎尖剥离和接种　在超净台上，把已消毒的茎尖放入垫有无菌湿润滤纸的培养皿中，以保持茎尖的新鲜。将培养皿放在解剖镜［（8~40）×］下，一手用镊子将茎芽按住，另一手用解剖针将叶片和叶原基剥掉，直至露出圆亮的茎尖生长点，用已灭菌的解剖刀切取长 0.1~0.5mm 带 1~2 个叶原基的茎尖，直立向上接种到培养基上。要注意确保所切下的茎尖不能与已经剥去部分、解剖镜台或镊子接触，尤其是当茎芽未曾进行表面消毒时更须如此。

2. 培养

培养的关键是将脱毒后的茎尖诱导生成带有完整根、茎、叶的植株，因此选择适合的培养基就显得十分重要。对于马铃薯的茎尖培养来说，MS、MA、Morel 等培养基都是较好的选择，附加少量的生长素或细胞分裂素，培养效果更好。常用培养基配方为：MS+$GA_3$0.05~0.15mg/L+NAA0.1~1mg/L+6-BA0.1~0.5mg/L+蔗糖 3%+琼脂 5g/L，pH5.8。

茎尖的生长发育对培养的器皿要求不严，从减少污染和节约培养基的角度考虑，以 15cm×2cm 的试管为宜。每管盛 10mL 培养基，接茎尖一个，这样就不会因为一个茎尖的污染而导致其他茎尖同时污染。

3. 病毒检测

目前，可用于马铃薯脱毒苗病毒检测的技术有很多种，如传统的生物检测法、免疫学检测法和分子生物学检测法等。但在工厂化生产中，传统的生物检测法由于成本较低、操作简单应用更为广泛。

（1）直接检测法　直接观察植株，确定植株茎叶是否呈现该种病毒所特有的可见症状，是最简单的检测方法。不过由于病毒症状易受病毒种类、寄主品种、气候和环境因素的影响而发生变化，所以需要观察者有丰富的经验，而且可见症状可能要经过相当长的时间才能在寄生植物上表现出来，无法快速检验。

（2）指示植物测定法　马铃薯的指示植物有千日红、曼陀罗、野生马铃薯、洋酸菜等。由受检植株上取下叶片，置于 10mL 磷酸缓冲液（0.1mol/L 磷酸钠，pH 7.0）中，研碎叶片，在指示植物的叶片上撒少许 600 号金刚砂，同时将受检植物的叶汁涂于其上，然后适当用力摩擦，以使指示植物的叶片表面细胞受到感染，但不要损伤叶片。大约 5min 后，用水轻轻冲去接种叶片上的残余液汁。把接种过的植株放在温室或者防蚜罩内培养，株间及与其他植物间都要隔开一定距离。一般需要 6~8d 或是几周，指示植物可表现症状。

4. 脱毒苗扩繁

马铃薯脱毒苗的扩繁常采用切段扦插法，在超净工作台上，将马铃薯脱毒苗切割成带一腋芽的茎段，切后立即扦插到装有已灭菌 MS_0 培养基（指没有添加任何激素的 MS 培养基）的玻璃试管（或三角瓶）中，扦插时一定注意叶面要向上，扦插密度视试管（瓶）的规格大小而定，一般每试管 2~3 段，每瓶 6~10 段为宜。扦插后加塞封口，置于培养室中培养，室温控制在 18~25℃，光照 2000~3000lx。正常情况下，5d 生根，腋芽萌动，7d 可生出 2~7 条须根，同时腋芽形成幼茎，20d 发育成 5cm 高的新植株。用新植株继续如法切段繁殖，每 20d 可扩繁 3.8~5.0 倍。试管苗经过扩繁后，通过驯化使其适应室外生存条件，就可以将其移栽至温室或大棚中了。

二、微型薯生产技术

20 世纪 70 年代马铃薯茎尖培养技术的出现对马铃薯无病毒良种生产体系的建立和推动马铃薯生产的发展产生了积极的作用。但是由于无毒试管苗的保存时间较短，在种质材料的交换中容易导致污染，在无毒苗扩大繁殖过程中还会遇到隔离区难找等困难，在生产上难以大面积推广。20 世纪 80 年代初发展起来的微型薯生产方法，为马铃薯种质保存、交换以及无毒种薯的生产和运输提供了一条便利的途径。

1. 微型薯的特点

微型薯是指由脱毒试管苗通过工厂化切段快繁和温室（或网棚）无土栽培繁殖获得的重 1~30g 的微小脱毒马铃薯。与普通马铃薯相比，脱毒微型薯在实际应用上具有显著的优势。

（1）无病毒、品质好、增产幅度大　微型薯是在特定的隔离条件下培育生长的，所以种薯无病毒侵染、健康不退化，且具有普通种薯生长发育的特性，能够保证稳产高产，生产上一般增产幅度可达 50%~200%，比普通种薯增产 2~4 倍。

（2）繁殖速度快　微型薯种植采用无土栽培技术，实行温室工厂化生产，一年可生产 3~5 茬，每平方米年产 3000~6000 粒。能够在较短的时间内对市场需求的品种进行大量繁殖。

（3）体积小、重量轻、降低用种量和运输费用　微型薯平均大小只有 5g 左右，亩（666.7m^2，下同）用种量只有 20~25kg，比用大种薯播种每亩减少用种量约 100kg。其较小的体积和重量克服了脱毒大种薯调运带来的麻烦和经济损失，有利于边远山区脱毒种薯供应和优良品种的更新。

（4）休眠期长、利于交流和保存　微型脱毒薯的休眠期比相同品种大中薯的休眠期长 2~3 倍。其在黑暗条件下储存 4 个月后，仍可以通过试管或网棚进行繁殖，而试管苗在黑暗条件下 3 周就会死亡。此外，微型薯可以脱离培养基长期保存，不需要复杂的储藏设备，因此更便于种薯的交流与保存。

（5）生产成本低　与网室繁殖脱毒种薯的常规方法相比较，无土栽培结合隔离区生产种薯，其母种和原种都在温室或大棚中生产，比过去的脱毒薯减少了 2 年开放种植时间。而且高密度繁殖和早收等措施使种薯结得小、结得多，增加了繁殖系数，降低了生产成本。

2. 微型薯的生产

（1）单茎节的繁殖　在无菌条件下，将由茎尖培养得到的脱毒马铃薯从试管中取出来，放在无菌培养皿中。将植株切成单节茎段，每段带 1 个腋芽和 1~

2个叶片，再将其插入装有 MS_0 培养基的试管中，扦插的深度不可过深也不可过浅。将试管置于培养室中，在18~25℃下，光照16h/d，光强1000lx的条件下培养。3~4周之后每个茎段上都有好几个叶片，为下一步微型薯诱导提供材料。

（2）微型薯诱导　在无菌条件下，将马铃薯茎段转接到液体微型薯诱导培养基［MS液体培养基+5mg/L 6-BA+500mg/L CCC（氯苯胺灵）+8%蔗糖］中，然后将试管放在18~22℃，完全黑暗的条件下静置培养，即可形成微型薯。

目前，许多国家已经在马铃薯良种繁殖体系中采用微型薯生产方法，并且以微型薯的形式作为种质的保存和交换材料。在我国微型种薯推广应用已取得了显著的增产作用，甘肃、山东、河北以及天津地区都在微型薯的使用上总结出了一套切实可行的方法。

小结

（1）脱毒苗是指不含有该种植物的主要危害病毒，即经过检测主要病毒在植物体内的存在表现为阴性反应的苗木。

（2）去除植物病毒的方法有热处理法、微茎尖培养法、茎尖培养结合热处理脱毒法、愈伤组织培养法和茎尖微体嫁接法等，其中前三种是主要方法。

（3）热处理法分为温汤浸渍处理法和热空气处理法。其中后者因不损伤植物材料，是目前较为常用的方法。

（4）病毒主要分布于植物体成熟和衰老的组织及器官中，靠维管束传播。由于茎尖尚未形成维管束，所以茎尖一般是不含病毒的，可用于组织培养脱毒苗。

（5）脱毒苗的鉴定方法主要有：直接检测法、指示植物鉴定法、抗血清鉴定法、电子显微镜检查法、酶联免疫鉴定法等。其中，指示植物鉴定法和抗血清鉴定法是目前比较精确和常用的方法。

技能部分

技能一

微茎尖剥离训练

技能目标

1. 掌握微茎尖剥离操作程序。
2. 切取茎尖准确，操作规范、熟练、快捷。

一、训练前准备

1. 材料、试剂

香石竹等各种植物材料的嫩茎，75%酒精，脱脂棉，95%酒精，2%次氯酸钠，无菌水，培养基等。

2. 仪器、用具

超净工作台，剪刀，解剖镜（8~40倍），解剖刀，解剖针，平底试管，酒精灯，培养皿，滤纸，镊子，磁力搅拌器，烧杯（500mL、100mL），量筒（100mL），容量瓶（500mL、1000mL），各类移液管，冰箱，标签纸，记号笔等。

二、方法步骤

1. 切取茎芽

任选几种植物嫩茎，用已消毒剪刀剪取3~5cm长、带顶芽或腋芽的短茎10个，去掉叶片，仅保留护芽的嫩叶柄，置于灭菌过的培养皿中。

2. 茎芽消毒

用洗涤液或洗衣粉水洗涤，尤其是腋芽的叶柄处用软毛刷刷擦，用清水冲洗干净，然后移入超净工作台，用2%次氯酸钠浸渍5~10min，无菌水冲洗3~5次后备用。

3. 剥离茎尖

将芽置于衬有无菌湿滤纸的培养皿内，在解剖镜下，一只手用镊子按住嫩叶柄或芽，另一只手用解剖刀或解剖针将叶片和叶原基层层剥除，到茎尖初露为止，再用解剖刀切下0.3~0.5mm的微茎尖（带2个叶原基）。选用不同的材料反复练习，达到熟练操作。

三、注意事项

（1）接种时最好使茎尖向上，不能埋入培养基内。

（2）为了防止茎尖变干，应在一个衬有无菌湿滤纸的培养皿内剥离茎尖，而且从剥离到接种的间隔时间越短越好。

（3）整个剥离过程中，要注意常将解剖针和解剖刀浸入95%酒精中，并用火焰灼烧灭菌，冷却后使用。

（4）剥离微茎尖时双眼要同时睁开，调整好解剖镜的焦距，并且手、眼与工具间配合默契。

（5）切割微茎尖要用锋利的解剖刀，并做到随切随接种。

四、作业

（1）茎尖剥离时采取了哪些措施防止污染？

（2）切取的茎尖是越小越好吗？为什么？

技能二 马铃薯脱毒

技能目标

1. 了解植物茎尖脱毒的基本原理。
2. 学会马铃薯茎尖脱毒的程序及方法。

一、训练前准备

1. 材料、试剂

马铃薯块茎，MS 培养基母液：MS+GA_3（0.1mg/L）+NAA（0.5mg/L）+6-BA（0.5mg/L），6-BA，NAA，GA_3，75%酒精，0.1%氯化汞，蔗糖，琼脂，蒸馏水等。

2. 仪器、用具

光照培养箱，超净工作台，解剖镜，解剖刀，解剖针，长镊子，培养皿等。

二、方法步骤

1. 室内催芽

选择表面光滑的马铃薯块茎，播种在湿润的无菌沙土中，适温催芽。待芽长至 2cm 时，将发芽块茎放入 38℃的光照培养箱中，光照 12h/d 处理 2 周左右。

2. 材料选取与灭菌

剪取经过高温处理的马铃薯茎尖 1~2cm，自来水冲洗 30min，剥去外面的叶片，然后放在超净工作台上进行消毒。先用 75%的酒精浸润 15s，然后用无菌水冲洗 3~5 次，再用 0.1%的氯化汞浸泡 8~10min，无菌水冲洗 5~6 次。最后将处理过的材料放入已灭菌的培养皿中待用。

3. 茎尖的剥离

在超净工作台内，将已消毒的茎尖放在解剖镜下，逐层剥去幼叶直至露出圆锥形生长点，用已灭菌的解剖刀切取长 0.1~0.5mm 带 1~2 个叶原基的茎尖，切面要平整。

4. 接种

将切取的茎尖迅速接种到灭菌后的培养基上，注意茎尖切面要贴在培养基表面，不能将茎尖陷入培养基内。放好后扎好瓶口，送入培养室培养。

5. 培养

将接种后的材料放入培养室内培养，培养条件为：温度 23~27℃、光照 1000~3000lx、16h/d。5~7d 后茎尖转绿，40~50d 后成苗。

三、作业

马铃薯茎尖接种后定期观察并记录其生长、分化及污染情况。

技能三
病毒鉴定

技能目标

1. 了解各鉴定方法的原理。
2. 实验操作规范、准确、熟练、快捷。

一、训练前准备

1. 材料、试剂

苋色藜或石竹、香石竹的待检脱毒苗，0.1mol/L 磷酸缓冲液（pH7.0），栽培基质与肥料，各种杀虫剂和杀菌剂等，待测苹果脱毒苗，山定子实生幼苗无病叶，苹果退绿叶斑病毒（ACLSV）的抗血清，抗体，酶标 A 蛋白稀释液，A 蛋白，包被液，0.4mg/mL 邻苯二胺，2mol/L 的 H_2SO_4，蒸馏水等。

2. 仪器、用具

300 目防虫网室，花盆，研钵，500~600 目金刚砂，医用小剪刀，嫁接刀，嫁接夹，塑料条或封口膜，纱布，棉球，酶联免疫检测仪，离心机，冰箱，微孔板（40 孔微量聚苯乙烯板，用 95%酒精浸泡 2h，蒸馏水冲洗后晾干备用），研钵，解剖刀，手术剪，移液管等。

二、方法步骤

1. 香石竹脱毒苗指示植物鉴定法

（1）脱毒苗培育与指示植物栽植　在防虫网室内，提前播种石竹、苋色藜等指示植物种子，培育实生苗（按常规管理）；按热处理结合茎尖培养脱毒法培育香石竹试管苗，作为待检苗。

（2）叶片研磨　当指示植物石竹、苋色藜的实生苗苗龄达 8~10 周时，取香石竹脱毒苗幼叶 1~3g 置于研钵中，加入 10mL 水和等量的 0.1mol/L 磷酸缓冲液（pH7.0），研碎后加入少量 600 目金刚砂作为摩擦剂，制成匀浆。

（3）汁液涂抹　用纱布或棉球蘸取匀浆液轻轻涂抹石竹、苋色藜的叶片表皮接种。两种指示植物各涂抹 2 组，每组 5 盆。

（4）观察记录　汁液涂抹 1 周后检查新生叶是否产生病斑。如有枯斑或花叶等症状，说明脱毒效果不佳，需进一步脱毒。

2. 苹果脱毒苗的酶联免疫吸附测定法

（1）样品处理 取待测苹果嫩叶，按1：（2~5）加抗原提取液（可用抗体及酶标A蛋白稀释液）研磨，低速离心（4000r/min，离心5min），取上清液，即为待检样品。用山定子实生幼苗的无病叶为阴性对照。

（2）包被A蛋白 取A蛋白加5倍包被液，在28℃条件下孵育2h。A蛋白的工作浓度为1μg/mL。

（3）加ACLSV抗血清 加入ACLSV抗血清，在28℃条件下孵育2h。ACLSV抗血清的工作浓度为1：(1000~2000)。

（4）加待检样品 即抗原样品及山定子阴性对照样品，4℃条件下过夜。

（5）加酶标A蛋白 加入酶标A蛋白，28℃条件下孵育2h。酶标A蛋白适宜的工作浓度是1：(4~100)。

（6）加底物溶液 加入0.4mg/mL邻苯二胺，在室温下遮光显色15~30min。

（7）加反应终止液 显色达到要求后，加入2mol/L的H_2SO_4溶液，使反应终止。

（8）用酶联免疫检测仪测定 反应终止后20min内，于490nm波长处测定吸光值，以待检样品的平均吸光值/阴性对照的平均吸光值≥2视为阳性，即苹果脱毒苗带病毒，有待进一步脱毒。

四、注意事项

（1）指示植物和脱毒苗要提前培育。

（2）采用汁液涂抹法进行香石竹组培苗脱毒鉴定时，涂抹叶片力度要适当，既要使汁液浸入叶片，又不使指示植物的叶片受损严重，这样有利于受损部位尽快愈合。

（3）严格按照酶联免疫吸附测定流程操作，测定时要多做几个重复，以提高结果的准确性。

五、作业

比较两种病毒检测方法的优缺点。你认为哪种检测方法更适合于以研究为目的的病毒检测？

思考与练习

1. 热处理法为什么能去除植物病毒？该方法存在哪些问题？
2. 微茎尖培养脱毒法脱毒的原理是什么？
3. 脱毒苗为什么需要鉴定？怎样进行脱毒苗的鉴定？
4. 脱毒培养获得的脱毒苗应如何保存？

项目六
组培苗驯化移栽

知识目标

1. 能理解组培苗的生态环境与温室环境的差异以及组培苗的特点。
2. 学会组培苗的驯化移栽操作流程。
3. 理解组培苗的科学管理方法。

能力和技能目标

1. 能对生根试管苗实施正确驯化移栽。
2. 能严格按照操作流程进行科学管理。

思政育人目标

培养诚实守信的意识和精神。

课前故事

诚信是事业成功的保证和源泉

2002年8月30日上午，设在广东省化州市中山路的茂名市体育彩票10060销售点电话响了，经常在这里买彩票的老顾客吴先生因出差在外无法亲自来买彩票，打电话请林海燕代买700元的体育彩票。尽管金额较大，林海燕还是爽快地为吴先生垫钱买了彩票。当日下午，广东体彩36选7开出了全省唯一一注518万元大奖，而这个大奖就落在了林海燕所在的销售点上。林海燕查对彩票号码后，发现竟是自己垫钱为吴先生买的彩票中了奖。彩票是林海燕垫钱买的，顾客也一直没来取票，体彩具有不记名、不挂失的特点，林海燕完全可以把518万元奖金据为己有。但林海燕丝毫不为奖金所动，立即拿起电话把中奖消息告诉了还在外地的吴先生。9月9日，吴先生出差回来，高兴地到10060销售点取走了林海燕为他垫钱买下并保管了一个多星期的中奖彩票。吴先生要给林海燕20万元作为感谢，她坚决拒绝了。林海燕诚信经营的事迹，传遍祖国大江南北，感动了千千万万的人。人们称她是"体彩活雷锋"、广东的"活雷锋"；国家体彩中心知道她的事迹后，称赞她是诚实守信的典范，是中国体育彩票发行的"形象大使"。江西省吉安市一位营销专家，为林海燕送去了印有"善良最高、诚信无价"的锦旗，还提出免费为林海燕策划开办体彩连锁店；一位旅居比利时的老华侨，从福建老家千里迢迢来到化州市，找到10060销售点，要林海燕今后为他代买体育彩票；化州市发展银行主动送给林海燕一张信用卡，允许她无抵押就可贷款10万元，银行领导说："你信用好，我们对你放心！"

理论部分

当试管苗繁殖到一定数量，需将生根苗移到温室内驯化，经过一段时间的锻炼，试管苗逐步适应外界环境后，再移栽到疏松透气的基质中，加强管理，控制温度、湿度、光照，及时防治病害，等移栽苗生根成活后才可用于生产。试管苗移栽是组织培养过程的重要环节，这个工作环节做不好，就会造成前功尽弃。

由于试管苗是在无菌、有营养供给、适宜的光照和温度、近100%的相对湿度环境条件下生长的，因此，在生理、形态等方面都与自然条件生长的小苗有着很大的差异。从叶片上看，试管苗的角质层不发达，叶片通常没有表皮毛，或仅有较少表皮毛，甚至叶片上出现了大量的水孔，而且，气孔的数量、大小也往往超过普通苗。由此可知，试管苗更适合于高湿的环境生长，当将它们移栽到试管外环境时，由于环境差别较大，试管苗不能适应，失水率会很高，非常容易死亡。为了改善试管苗的上述生理、形态特点，必须经过与外界相适应的驯化处理，所以必须通过炼苗，例如通过控水、减肥、增光、降温等措施，使它们逐渐地适应外界环境，在生理、形态、组织上发生相应的变化，更适合于自然环境，只有这样才能保证试管苗顺利移栽成功。

为了做好试管苗的移栽，应该选择合适的基质，对栽培驯化基质进行灭菌，因为试管苗在无菌的环境中生长，对外界细菌、真菌的抵御能力极差。然后配合以相应的管理措施，确保整个组织培养工作的顺利完成。

一、移栽用基质和容器

适合于栽种试管苗的基质要具备透气性、保湿性和一定的肥力，容易灭菌处理，并不利于杂菌滋生的特点，一般可选用珍珠岩、蛭石、沙子等。为了增加黏着力和一定的肥力可配合草炭土或腐殖土。配制时需按比例搭配，一般用珍珠岩、蛭石、草炭土或腐殖土比例为1∶1∶2。也可用沙子和草炭土或腐殖土以 1∶1 的比例混合。这些介质在使用前应消毒灭菌，消毒方法一般有两种。一是用干热消毒法，将移栽基质在烘箱中烘烤处理或在高压灭菌锅中用 0.1MPa 压力，121℃，维持 20~30min。二是采用福尔马林熏蒸消毒法，即用 50~100 倍 40%的甲醛溶液泼浇或喷洒于基质，然后用塑料布覆盖 2~3d 后揭开，翻动基质使气味挥发，也可用 0.1%~0.2%高锰酸钾溶液消毒，或用 50%多菌灵等杀菌剂处理。基质的选择和各种成分的比例还要根据不同植物的栽培习性来进行配制，这样才能获得满意的栽培效果。以下介绍几种常见的试管苗栽培基质。

1. 河沙

河沙分为粗沙、细沙两种类型。粗沙即平常所说的河沙，其颗粒直径为 1~2mm。细沙即通常所说的面沙，其颗粒直径为 0.1~0.2mm。河沙的特点是排水性强，但保水蓄肥能力较差，一般不单独用来直接栽种试管苗。

2. 草炭土

草炭土是由沉积在沼泽中的植物残骸经过长时间的腐烂所形成，其保水性好，蓄肥能力强，呈中性或微酸性反应，但通常不能单独用来栽种试管苗，宜与河沙等种类相互混合配成盆土而加以使用。

3. 腐殖土

腐殖土是由植物落叶经腐烂所形成。一种是自然形成，一种是人为制造。人工制造时可将秋季的落叶收集起来，埋入坑中使其腐烂，第二年春天置于空气中喷水保湿使其风化，然后过筛即可获得。腐叶上含有大量的矿物质营养、有机物质，它通常不能单独使用。掺有腐殖土的栽培基质有助于植株生根。

4. 容器

栽培容器可用 6cm×6cm 至 10cm×10cm 的软塑料钵，也可用育苗盘。前者占地大，耗用大量基质，但幼苗不用移栽，后者需要二次移苗，但省空间、省基质。

二、移栽前的驯化

组织培养苗的移栽是从具有恒温、保湿、营养丰富、光照适宜、无病菌侵害等“异养”为主的人工生态环境，转变为易受病菌侵染等“自养”为主的自然生态环境中生长的过程，因此组培苗的移栽需要一个逐步适应的过程。这一过程通常经过组培苗的过渡锻炼、驯化来实现。

1. 闭盖驯化阶段

选择生长健壮、生根良好的组培瓶苗，从恒温、无菌的培养间转移到接近移栽环境的温室中，不打开瓶盖进行炼苗。注意，勿使温室环境与培养间的培养条件相差太大。温室炼苗区的环境条件应从接近培养间环境逐步过渡到接近移栽场地的环境条件。总的来说，变化过程基本是温度逐步降低，温差逐渐增大，湿度逐步降低，光照逐步增强的过程。在温室中闭瓶炼苗的时间，根据组培苗的生长状况、苗木种类而略有差异，一般3~8d比较合适。如杨树3~4d比较合适，而刺槐需5~8d才有利于苗木移栽成活。闭盖炼苗主要是增强叶片对光照强度的适应性。但因为是闭盖炼苗，瓶内湿度偏高，与外界环境仍有着较大的差距，所以还需进行开盖炼苗，进一步提高叶片对湿度降低引起的水分胁迫的适应性。

2. 开盖炼苗阶段

将经过闭盖炼苗的组培瓶苗打开瓶盖，使组培苗逐步适应外部环境。开盖炼苗的时间不宜过长，否则培养基容易污染。一般以2~3d为宜。移栽环境应尽量保持干净，条件允许的话，开盖前用0.1%的高锰酸钾或百菌清进行环境消毒。如果想延长开盖炼苗时间，开盖后可向瓶内加入适量的水或抗菌剂，在自然条件下驯化，这样既可减少培养基中水分大量蒸发而变干，又可有效促进培养基有效成分的扩散，便于苗木根系吸收，更主要的是能够防止外界污染，以延长组培苗驯化的时间，达到充分驯化的目的。要注意的是，往瓶内加入水的温度要接近于瓶内培养基温度，温差过大会对苗木造成伤害。

炼苗时间的长短主要根据组培苗叶片的生长表现来判断。炼苗之前，苗木基本靠异养生活，叶片颜色嫩绿且薄，极易失水萎蔫；炼苗后，叶片颜色深绿，对湿度降低引起的水分胁迫已初步具有了一定的抗性，比较伸展。通过分步炼苗，提高了植株的抗逆性，从而大大提高了试管苗的移栽成活率。

三、移栽方法

1. 组培移栽苗的选择

选择根系发达、生长良好的组培苗进行移栽。移栽前的组培苗应具有发育良好的顶芽。黄化苗、玻璃苗、瘦弱苗、发育畸形以及老化苗均应废弃，以免影响苗木质量和成活率，增加育苗成本。

2. 组培移栽苗的清洗和灭菌

为避免取苗时根系受到机械损伤，取苗前先往培养瓶中倒入少量适温的清水。然后将经过炼苗的组培苗用镊子从瓶中取出。苗木取出后应用清水将根部携带的培养基清洗干净，以防残留培养基滋生杂菌。整个过程要轻拿轻放，尽量减少对根系和叶片的伤害。然后用一定浓度的多菌灵或百菌清溶液浸泡数分钟，以增强苗木移栽后抗病菌的能力。应注意不同种类植物对杀菌剂浓度要求不一，以防浓度过高，抑制苗木生长。

3. 移栽组培苗

为便于以后移栽到大田，一般将组培苗移栽到装有基质土的营养钵中，即培养组培容器苗。移栽时用镊子或竹签进行操作，可减少机械损伤。用镊子或竹签在营养钵的中间挖一小洞，将苗木轻轻放入挖好的小穴中，并用镊子或竹签使苗木根系舒展，在根部轻轻地覆上营养土，使幼苗根系既能吸收土壤营养，又有较好的透气性。移栽后及时喷水使苗木根系与土壤接触紧密。

4. 其他移栽方法

上面讲述的移栽方法适合草莓、百合、非洲菊、马铃薯等多数植物，对于不同的植物往往采取不同的移栽措施，除了上述常规的移栽方法外，还有下列两种移栽措施：

（1）直接移栽法　直接将试管苗移栽到盆钵的方法。这种移栽方法适合于凤梨、万年青、花叶芋、绿巨人等温室盆栽植物，它们的盆栽基质较好，有进行专业化生产的温室条件，随着植株的生长，逐渐换大号的花盆。

（2）嫁接移栽法　这是选取生长良好的同一植物的实生苗或幼苗作砧木，用试管苗做接穗进行嫁接的方法。嫁接移栽法与常规移栽法相比具有移栽成活率高、适用范围广、所需的时间短、有利于移栽植株的生长发育等许多优点。

四、移栽后的管理

试管苗移栽到适宜的基质后，要注意控制温度、湿度、光照和洁净度等环境条件，满足试管苗生长的最适要求，促使小苗尽早定植成活。

1. 温度

移栽后环境温度应保持在15~25℃。花叶芋、花叶万年青、巴西铁树、变叶木等喜温植物，以25℃左右为宜；文竹、香石竹、满天星、非洲菊、菊花等喜冷凉的植物，以18~20℃为宜。如果在夏季移苗，最高温不能超过30℃，阳光强烈的中午还要用遮阴网进行适当的遮阴，或通过间歇喷水以降低温度。温度过高会导致蒸腾作用加强，水分失衡以及菌类滋生等问题；温度过低使幼苗生长迟缓或抗性弱，不能及时适应温室小气候，容易导致病菌的发生和枯萎，不易成活。如果有良好的设备或配合适宜的季节，使介质温度略高于空气温度2~3℃，则有利于生根和促进根系发育，提高成活率。采用温室低槽埋设地热线或加温生根箱种植试管苗，也可以取得更好的效果。

2. 适宜的湿度

湿度是保证幼苗是否顺利成活至关重要的因素。试管苗茎叶表面几乎没有防止水分散失的角质层，根系也不发达或无根，移栽后很难保持水分平衡，即使根的周围有足够的水分也不行。必须提高最小环境的空气相对湿度，使尽量接近培养容器中的条件，减少试管苗叶面蒸腾作用，使小苗始终保持挺拔的姿态。尤其在移栽最初的3d内，保持90%~100%的相对湿度，比基质中的水分更重要。以后适当通风，逐渐降低湿度，防止病虫害的发生。但要避免叶片失水萎蔫。也要避免水分过多，影响透气性造成幼苗根系腐烂。

3. 光照

试管苗移栽后要依靠自身的光合作用来维持生存，需提供一定的自然光照。光照不能太强，以漫射光为好，初期控制在2000~5000lx，后期逐渐加强。光线过强会使叶绿素受到破坏，引起叶片失绿、发黄或发白，还可能灼烧小苗，引起大量死苗。

4. 洁净度

试管苗原来的环境是无菌的，移栽后要保持环境清洁，减少杂菌滋生，保证试管苗过渡成活。除栽培基质要预先灭菌外，在喷雾或浇水时，间隔喷洒或浇灌一定浓度的多菌灵等保护性杀菌剂，可提高苗木抵抗病菌侵染的能力，可以有效地保护幼苗，预防病虫害发生。

5. 保持基质适当的通气性

要选择适当的颗粒状基质，保证良好的通气作用。在管理过程中不要浇水过多，过多的水应迅速沥除，以利根系呼吸。

6. 其他

组培苗移栽后不要急于进行追肥，要等到苗木长出新根后，再进行低浓度叶面追肥，否则会抑制新根的生长发育。

在试管苗养护管理过程中，应综合考虑各种生态因子的相互作用，如光照与温度、湿度与通气。还有最重要的一点，就是管理人员的责任心。各种环境因子会随时、随地地发生变化，只有认真负责、精心养护，才能及时调节各种变化中的生态因子，为试管苗提供最佳的生长环境。在植物组织培养中，移栽是最后，也是非常重要的一个环节，移栽成活率的高低与经济效益密切相关。因此，在优化移栽技术的基础上，还要强化管理技术。

移栽后的幼苗，生长1个月左右，苗高10~12mm，移入有遮阳装置的露地，1周后，撤掉遮阳网，使苗充分适应露地环境。然后出钵带土移入大田苗圃。栽后立即灌水，并进入常规苗圃管理，第二年可达出圃要求。

技能部分

技能
组培苗驯化移栽

技能目标

1. 学会移栽基质的配制技术。
2. 能正确进行试管苗的炼苗、移栽及管理。

一、训练前准备

组培苗驯化移栽

1. 材料与试剂

已生根的组培苗，蛭石，珍珠岩，腐殖土，草炭土，沙子，0.1%~0.3%的高锰酸钾溶液，50%多菌灵等灭菌剂，50mg/L的吲哚丁酸或萘乙酸。

2. 用具

喷壶，育苗盘，塑料钵，镊子，剪刀等。

二、方法步骤

1. 移栽基质的配制

根据不同植物试管苗的要求，选择适当的基质种类和配比，一般选用珍珠岩∶蛭石∶草炭土或腐殖土为1∶1∶2，或沙子∶草炭土或腐殖土为1∶1混合。将配置好的基质用800~1000倍的50%多菌灵溶液喷淋消毒，装入育苗盆或营养钵中，为了进一步杀菌消毒，可以再进一步采用高温灭菌处理。

2. 炼苗

（1）将生根试管苗从培养室取出，置于温室中，不开口置于自然光照下进行光照适应性锻炼，大多为3~4d。注意，勿使温室环境与培养间的培养条件相差太大。温室炼苗区的环境条件应从接近培养间环境逐步过渡到接近移栽场地的环境条件。

（2）再将培养瓶瓶口轻轻打开1/3~1/2，使培养材料开口适应外界大气环境2~3d。注意保湿且光照强度不能过大，不同植物材料根据其喜光性给予适当的光照。

3. 移栽

（1）从瓶中小心取出试管苗，在20℃左右的温水中浸泡约10min。

（2）将黏附于试管苗根部的培养基清洗干净，换水2次，但动作要轻，避免造成伤根。清洗一定要干净，否则残留的培养基会导致霉菌污染。如果根过长，可以用锋利的剪刀剪掉一段，将洁净的试管苗在800~1000倍的多菌灵溶液中浸泡处理5min，捞出稍晾干，蘸生长素（50mg/L的吲哚丁酸或萘乙酸）后移入苗盘。

（3）迅速栽在育苗盘中。栽植时用镊子在基质中插一小孔，然后将小苗插入，注意幼苗较嫩，防止弄伤，栽后把苗周围基质压实，栽前基质要浇透水。栽后用浸泡过苗子的杀菌剂喷洒。再将苗移入干净、排水良好的温室或塑料保温棚中，保证空气湿度达90%以上，需1~20d。

（4）移栽后的管理。移栽后的试管苗要注意控温、保湿、遮阴，一般温度控制在15~25℃，空气湿度保持在90%以上，并要适当遮阴，10~15d后开始通风，逐渐降低湿度增加光照。当长出2~3片新叶后就可以定植，进行常规管理。

移栽

三、完成实训报告

思考与练习

1. 组培苗移栽对基质的要求有哪些？有哪些材料适合作为基质使用？
2. 移栽前为什么要进行驯化？移栽前的驯化分为哪两个阶段？
3. 简述组培苗常规的移栽方法。
4. 移栽后如何管理才能使移栽苗顺利定植成活？

项目七
组培苗木的工厂化生产

知识目标

1. 掌握生产计划制定方法。

2. 掌握组织培养苗木工厂化生产工艺流程、技术环节及成本核算与效益分析的方法。

3. 掌握组培苗木工厂化生产的经营管理方法。

能力和技能目标

1. 能够科学制定生产计划、培训计划、新技术推广方案。

2. 会进行组织培养的成本核算与效益分析。

3. 能够按照组织培养苗木工厂化生产工艺流程、技术环节要求和市场需求，实施有效的经营管理。

思政育人目标

培养创新创业的精神和意识。

启示故事

大学毕业生培养植物，月赚 5 万元

屠樑的仁花植物组培研究所创办于 2005 年年初。那时，他从金华职业技术学院农业与生物工程学院植物工程系园艺专业毕业还不到半年。那个时候，他的绝大多数同学选择了和自己专业对口的园林设计院或一些施工单位，工作很稳定、收入也不算差。而屠樑，一个刚毕业半年的大学生，要用所学的专业知识养植物，自己创业！

创业伊始，他只用了两个月，就把前期投入的 40 来万元赚了回来。在不到 3 年时间内，拿下了 70%的市场份额。屠爸爸说，屠樑毕业后的半年先是在义乌

一家园艺公司实习，“虽然我不知道他具体在做什么，但还像模像样管着几个人，我觉得儿子是有能力赚大钱的。”就连屠樑自己，当研究所办起来时，脑子中定位好的产品，能不能很快生产出来心里也没底。“但有一点我很清楚，它绝对不是一种传统的植物组培。”

在屠樑眼里，那是有生命的一个装饰品，把植物景观和工艺品结合在一起——在一个比手指还要短的细小玻璃瓶里面，存活着一小株活体绿色植物，而且不用浇水、施肥，至少能活3个月。这种“神奇”靠的是玻璃瓶里的那点特殊“土壤”——培养基，基本要求是凝固度要好，植物种上去，不会挪位；其次，透明度也越高越好，最好能看清培养基里植物的根须。

产品开发出来了，销路却是个问题。看到有卖小工艺品的商铺，他就免费送上一些产品。“前后也就个把星期，就有摊主下单了。”那时候的订单，都是些小单子，每笔大体是一两百个。屠樑透露，到目前为止，包括浙江本省在内，很多沿海地区城市都有了固定的产品代理商，“虽然利润没以前高，但每个月赚5万元还是不成问题的。”

屠樑将在自己的创业生涯里，迎来有里程碑意义的一天：研究所迁新址。那将是一个占地400亩的现代农业示范园区。在他的计划中，除了不断更新组培植物的产品外，还要建设一个集科普教育于一体的观光园。他选择了一条创新与市场相结合的创业之路，拥有父母的资金支持，再加上个人持之以恒创造财富的决心和对新知识新事物的敏锐，以及转化为商业机会的能力，屠樑终于获得成功，实在值得赞赏。

理论部分

随着组培快繁技术的发展和农业产业结构的调整，植物组织培养逐渐形成产业化，成为种苗产业重要的分支领域。在市场经济条件下，组织培养苗木（以下简称组培苗）工厂化生产只有在正确的经营理念指导下，做好市场调研，控制适度的生产规模，合理安排生产计划与工艺流程，加强生产与销售各环节的科学管理，最大程度降低生产成本，生产出“适销对路”的优质种苗，才能获得良好的经济效益。本章结合相关文献资料和生产实践经验，针对上述问题进行阐述。

组织培养工厂化生产

单元一
生产计划的制定与实施

一、生产计划的制定

（一）生产计划制定的原则

生产计划的制定是进行组培苗商业化生产的关键和重要依据，生产量不足或生产量过剩都会造成直接的经济损失。生产计划制定的原则一般是根据市场需求状况与趋势、自身生产条件与规模实力，先确定全年的销售目标，然后综合考虑组培苗生产过程中各个环节的损耗，制定出相应的生产计划。

（二）生产计划制定的依据

1. 市场调研结论

市场调研结论是在市场调查的基础上，通过科学的统计分析与预测得出的，它是市场经济条件下任何企业制定生产计划、实施科学有效的经营管理的重要的决策依据。因此，组培苗商业化生产同样也需要认真做好市场调研工作。某些组培苗工厂之所以造成组培苗销路不畅而大量积压，带来很大的经济损失和浪费，就是因为没有做好市场调研，脱离市场行情和需求，盲目生产。

组培苗市场调研的内容主要包括市场需求的调查、市场占有率的调查及其科学的分析与预测。一般根据区域种植结构、自然气候、种植的植物种类及市场发展趋势等预测市场需求。如马铃薯在华北地区、东北地区、华东地区北部种植面积大，种苗市场需求量大；草本花卉种苗在昆明、上海、山东等地鲜切花生产基地就有相当大的需求市场；南方草本花卉、观赏树林种苗繁育优势明显，北方球根球茎类花卉种苗繁育异军突起，在国内市场份额越来越大。所谓市场占有率是指一家企业的某种产品的销售量或销售额与市场上同类产品的全部销售量或销售额之间的比率。通过对某种组培植物的品种、种苗质量、种苗价格、种苗的生产量、销售渠道、包装、保鲜程度、运输方式和广告宣传等多方面调查来分析预测这种植物组培苗的市场占有率。一般来说，企业生产的种苗在质量、价格、供应时间、包装等方面处于优势地位，则销售量大，市场占有率就高，反之则低。

通过组培苗的市场调查、分析预测，进而得出科学的结论，并以此结论为指导制定出组培苗的生产计划。只有这样，才能使组培苗的生产做到有的放矢，避免生产的盲目性。

2. 供货数量与供货时间

有稳定的订单就可以按照订货量组织生产，按期交货。如果供苗时间比较长，从秋季到春季分期分批出苗，则可以在继代增殖 4～5 代后开始边增殖边诱导生根出苗，因为一般组培苗在第 4 至第 10 次继代时增殖最正常，效果最好；如果供苗时间集中，但又有足够长的时间可供继代增殖，则可以连续增殖，待存苗达到一定数量后，再一次性壮苗、生根，集中出苗；如果接到订单较晚，离供苗时间很短，这时往往需要增加种苗基数，在前期加大增殖系数（可用激素调节，尤其是提高细胞分裂素比例，并控制最适宜的温度、光照时间等）。如果在无大量定购苗之前，一定要限制增殖的瓶苗数，并有意识地控制瓶内幼苗的增殖和生长速度。通常可通过适当降温或在培养基中添加生长抑制剂和降低激素水平等方法控制，或将原种材料进行低温或超低温保存。根据市场预测确定组培苗生产数量，尤其是直接销售组培瓶苗或正处于驯化的组培幼苗，必须明确上市时间。由于受大田育苗季节性限制，一般供货时间主要集中在秋季和春季。尽量避免高温与寒冷季节大批量供货，这样可以降低育苗成本。

（三）生产计划制定需考虑的问题

（1）对各种植物的增殖率应做出切合实际的估算　试管苗的增殖率是指植物快速繁殖中间繁殖体的繁殖率。估算试管苗的繁殖量，以苗、芽或未生根嫩茎为单位，一般以苗或瓶为计算单位。年生产量（Y）决定于每瓶苗数（m）、每周期增殖倍数（X）和年增殖周期数（n），其公式为：$Y=mX^n$。

如果每年增殖 8 次（$n=8$），每次增殖 4 倍（$X=4$），每瓶 8 株苗（$m=8$），全年可繁殖的苗是：$Y=8\times4^8\approx52$（万株）。此计算为理论数字，在实际生产过程中还有其他因素如污染、培养条件发生异常等的影响，会造成一些损失。另外，还受到设备和人力的规模与容量的限制，如培养瓶不可能成几何级数增加，接种、做培养基的员工也不可能如此增加。因此，实际生产的数量应比估算的数字低。

（2）要有植物组织培养全过程的技术储备　包括外植体诱导技术、中间繁殖体增殖技术、生根技术、炼苗技术等。

（3）要掌握或熟悉各种组培苗的定植时间和生长环节。

（4）要掌握组培苗可能产生的后期效应。

（四）生产计划的安排

虽然各种植物都有一定的市场需求量，但是用苗的时间和用苗量却不统一，外植体来源季节也不同。所以，为了保证全年生产、周年供应，全年销售总目标和年生产计划必然要分解成各月的销售计划和相应的月生产计划。在全年生产计划分解时，要充分考虑全年组培苗生产的旺季和淡季，实行不均衡分解，并且要优先安排有订单的生产计划。同时要注意品种的合理搭配，以用户为中心，以市场为导向编制生产计划。在确定生产规模后，按照增殖率计算培养周期及相应的时间，来安排具体的生产工艺流程。生产日期应参照销售计划和销售时期拟定。原则上组培苗的出瓶日期应根据生产品种的不同，较销售日期提前40~60d；生产数量应考虑污染损耗、变异畸形苗淘汰、移栽成活率等因素，一般应比计划销售量加大20%~30%。组培苗生产数量的计算公式如下：

年（月）销售计划量=年（月）实际生产数量×［1-损耗（一般为5%~10%）］×移栽成活率

例如：某种植物组培平均30d为一个增殖周期，一部超净工作台每人每天转苗量1200株，增殖与生根的苗量比例为3：7，各种损耗5%，移栽成活率85%，就可按每月25个工作日计算出每月平均生产量和全年的生产量。

每月平均生产量=1200（株）×70%×25×（1-5%）×85%≈16958（株）

全年生产量=16958（株）×12=203496（株）

下面以满天星组培苗为例，说明全年销售计划量及生产计划量的制定方法（表7-1和表7-2）。从表中可以清楚看出满天星全年中生产的旺季和淡季，便于生产安排。但生产计划是根据市场需求情况制定的，有一定的预见性，不一定完全正确，在生产过程中还应根据市场需求的变化，及时进行适度调整，以更好地促进组培苗的适时生产和有效销售。

表7-1　不同品种满天星组培苗的全年销售计划量　单位：万株

月份	1	2	3	4	5	6	7	8	9	10	11	12	总计
总量	2	2	3	3	10	16	40	15	3	2	2	2	100
品种G1	1.3	1.3	1.5	1	1	2	2	5	1.5	1.3	1.3	1.3	20.5
品种G2	0.5	0.5	1	0.7	3	5	13	5	1	0.5	0.5	0.5	31.2
品种G3	0.2	0.2	0.5	0.3	6	9	25	5	0.5	0.2	0.2	0.2	48.3

（熊丽等，2003）

表7-2　不同品种满天星组培苗的全年生产计划量

月份	1	2	3	4	5	6	7	8	9	10	11	12	总计
总量	2.4	2.4	3.6	3.6	12	19.2	48	18	3.6	2.4	2.4	2.4	120
品种G1	1.5	1.5	1.8	1.2	1.2	2.4	2.4	6	1.8	1.6	1.6	1.5	24.6
品种G2	0.6	0.6	1.2	0.8	3.6	6	15.6	6	1.2	0.6	0.6	0.6	37.4
品种G3	0.2	0.3	0.6	1.6	7.2	10.8	30	6	0.6	0.2	0.3	0.2	58

（熊丽等，2003）

二、生产计划的实施

（一）建立无性繁殖系

实施生产计划的第一步是准备繁殖材料，并使其达到需要的增殖基数。首先要确保接种材料是优良单株或群体，要求品种来源清楚、无病虫害、无肉眼可见病毒症状，具有典型的品种特征。如在开始取材时失误，将给生产造成难以挽回的损失。其次是在经初代诱导培养形成多个繁殖芽后，必须及时进行相关品种的脱病毒鉴定，并淘汰带病毒的材料。对特殊的稀有珍贵品种脱除病毒后，才能继续作为繁殖材料使用。最后通过各个培养阶段的试验研究，建立无性繁殖系。可以说繁殖材料和组培技术两大方面为商品组培苗的生产奠定了基础。

（二）控制存架增殖总瓶数

当合格的培养材料经过增殖达到所需的基数后，存架增殖总瓶数的控制就成为关键。其数量不应过多或过少，如盲目增殖，一定时间后就会因人力或设备不足，处理不了后续工作，造成增殖材料积压，部分培养苗老化，超过最佳转接继代时期，使用于生根的小苗长势不良、瘦弱细长，严重降低出瓶苗质量和过渡苗成活率，也使留用的繁殖苗生长势减弱、增殖倍率下降等，既增加了生产成本又严重影响种苗质量；反之存架增殖瓶数准备不足，又会造成繁殖母株不够，导致不能按时完成生产计划，延误产苗时期，造成较大的经济损失。存架增殖总瓶数的计算可综合考虑以下因素，即生产计划的数量、每个生产品种的生根比率及操作人员的工作效率等，它们之间存在以下关系：

存架增殖总瓶数=月计划生产苗数/每个增殖瓶月可产苗数

月计划生产苗数=每个操作员工每天可出苗数×月工作日×员工数

每个增殖瓶月可产苗数，即在1个月内可生根的苗数，与植株的组培生长周期、增殖率等因素有关。生长周期长的，在1个月内转接的次数少，可用于生根的苗数，即产苗数便少；反之则与之相反。增殖倍率高，生根比率大，每个工作日需用的母株瓶数较少，产苗数较多；反之增殖倍率低，因维持原增殖瓶数，需要占有最好的材料用于繁殖，以致不可能有较多的小苗用于生根，产苗数就少。由此可见，在组培生产中，根据具体生产品种的实际增殖情况，及时调整培养基中植物激素的种类及用量，适当调整培养条件，有效提高其增殖倍率是极为重要的，因为这些因素关系到组培苗的生产效率。

按以上公式所列关系计算的数据，控制组培苗生产过程中的增殖总瓶数，可以使处于增殖阶段的繁殖苗，在1个周期内全部更新1次培养基，使种苗处于不同生长阶段的最佳状态，有利于提高种苗的质量。根据增殖总瓶数及操作员工的工作效率，可计算出生产过程中需要的人力投入，在生产初期便可安排好合适数量的员工，以保证组培生产的顺利进行。例如，在一个进行规模化组培生产的单位，根据市场的需求，在一年中要生产好几个种类的组培种苗，其中满天星在3月份需要生产12万株。根据满天星组培苗的增殖能力，每瓶增殖苗一次继代可生根成品苗20株，并保持1瓶增殖苗；满天星组培苗的增殖周期为15~20d，可在1个月内继代1.5次，那么就可计算出在3月份需准备好4000瓶增殖苗以供生产之需。满天星的接种操作相对简单，1 名操作工人 1d 可处理 60 瓶左右的增殖苗，1 个增殖周期内可处理1000 瓶增殖苗。因此，4 名员工便可以完成满天星组培苗的生产。

因为植物组培快繁的产品是具有生命力的种苗，在生产过程中可能会发生增殖苗长势不好、玻璃化、黄化、污染等常见的问题，而且各月的生产计划也不同。所以，按公式计算的数据只是一个供参考的数据，实际生产时应根据具体情况对增殖苗瓶数进行适时调整，并进行操作人员数量的调动安排。

单元二 生产工艺流程与技术环节

在组织培养苗木工厂化生产的过程中，只有按照生产计划的要求，制定并严格执行生产工艺流程（图 7-1），严格管理，规范操作行为，保证前后技术环节衔接的顺畅，才能适时定量生产出优质组培苗，满足市场需求。组培工厂化生产主要有五大技术环节：种源选择、离体快繁、组培苗移栽驯化、苗木质量鉴定、组培苗木包装与运输。

一、种源选择

种源是组培苗木工厂化生产的必要条件和首先要考虑的问题。选择的植物品种既要适应市场的需求，又要考虑适应当地的环境条件，以便简化生产条件，降低生产成本。种源主要有两条途径：一是通过外购、技术转让或种苗交换等方式获得无菌原种苗。外购的原种苗一般是大众化或市场潜力不大的试管苗；种苗交换则以较强的技术实力作后盾；对于有技术力量的组培单位，还是以技术转让的好。这条途径方便、快捷、省时、缩短快繁进程。如果市场需求量大，要求在短时间内形成生产规模，宜采用此法。二是自主研发，从初代培养外植体开始获得无菌原种苗。根据培养目的和植物种类的不同，选择外植体（一般选择顶芽和腋芽），并做好外植体消毒工作是获得无菌瓶苗的两个技术环节，而建立种质资源圃，加强品种选育和母株培育，则是确保种源纯正、方便采集接种材料、及时更新组培无性繁殖系所采取的必要措施。

二、离体快繁

经初代培养获得无菌材料、继代快繁增殖、生根等技术环节和工序，获得健壮生根苗。此技术环节又涉及培养基制备、接种与培养等技术环节。

三、组培苗木的驯化移栽

组培苗的驯化移栽技术主要是针对组培苗应用无土栽培技术进行组培苗

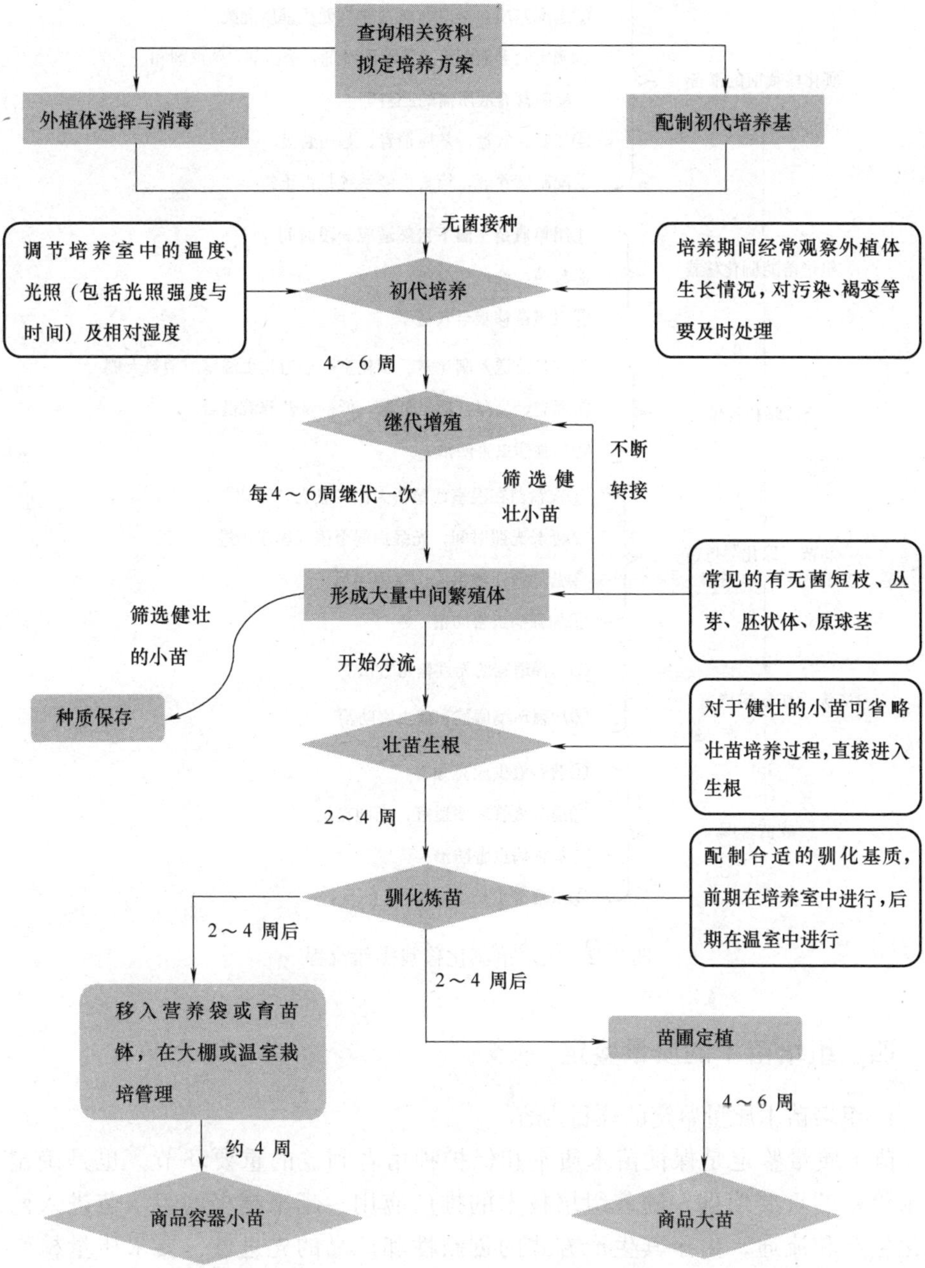

图 7-1　组培苗木生产工艺流程

定植前的培育，以提高组培苗对自然环境的适应性，这是决定组培成败和能否及时满足种苗市场需求的关键技术环节。组培苗的驯化移栽操作流程见图 7-2。

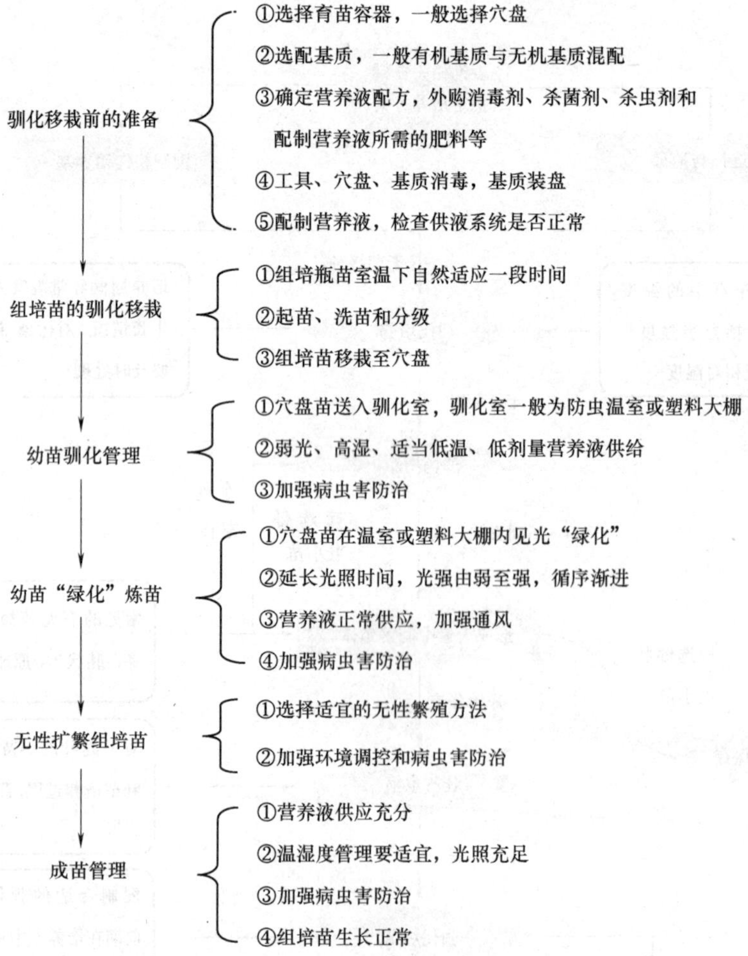

图 7-2 组培苗驯化移栽操作流程

四、组培苗木的质量鉴定

1. 组培苗木质量鉴定的项目内容

苗木质量鉴定是保证苗木质量和保护种植者利益的重要环节，也是确定苗木价格的重要依据。随着组培技术的推广应用，越来越多的组培苗进入商业化生产和流通。由于其生产方式的创新性和产品的先进性，要求质量检验尤其严格。我国组培苗的质量检测标准尚不完善，而美国新兴了不少专门检测组培快繁苗质量的公司和机构。质量鉴定的项目内容主要有以下几个方面：

(1) 商品性状

①苗龄相对较大，早熟性较好，质量较高，鉴定级别高，依次排列；②叶片、

生长、株高、茎粗、植株展幅、根系状况等农艺性状要根据不同作物要求定级。

（2）健康状况

①是否携带流行病菌真菌、细菌；②是否携带病毒。

（3）遗传稳定性

①是否具备品种的典型性状；

②是否整齐一致；

③采用 RAPD 或 AFLP 法对快繁材料进行“指纹”鉴定，以确定其遗传稳定性。

2. 组培苗木的质量标准

作为原种组培苗的质量标准是不携带病毒和病原物，保持品种纯正。对于生产性组培瓶苗的质量标准要根据根系状况、整体感、出瓶苗高和叶片数四项指标进行判定。各项指标的重要程度依次是：根系状况>整体感、出瓶苗高>叶片数。对于无根、长势不好、色黑的苗，一票否决，定为质量不合格。只有在根系状况达到要求后，才能进行其他指标的综合评定。几种常见花卉组培苗的出瓶质量标准见表 7-3。

表 7-3　几种常见花卉组培苗的出瓶质量标准（熊丽等，2003）

名称	等级	根系状况	整体感	出瓶苗高/cm	叶片数/片
满天星	1 级	有根	苗粗壮硬直，叶色深绿	2~3	4~8
	2 级	有根原基或无根		1.5 或 3	4~8
非洲菊	1 级	有根	苗直立单生，叶色绿，有心	2~4	3 片以上
	2 级	有根	苗较 1 级苗小，部分苗叶形不周正，有心	1~3	3 片以上
勿忘我	1 级	有根	苗单生，叶色绿，有心	2~3	3 片以上
	2 级	有根		2~4	3 片以上
情人草		有根	苗单生，叶色正常	2~4	3 片以上
草原龙胆	1 级	有根	苗单生，叶色绿，无莲座化	3-4	6 片以上
	2 级	有根		1.5~3	4~6 片
菊花	1 级	有根	苗粗壮硬直，叶色灰绿	2~4	4 片以上
	2 级	有根		1~2	
孔雀草	1 级	有根	苗粗壮挺直，叶色绿	3~4	5 片以上
	2 级	有根		1~3	3 片以上

组培苗驯化成活后要出圃种植。出圃种苗的质量影响到种植后的成活率、长势、产量和病虫害防治。出圃种苗的质量标准主要根据茎秆粗度、苗高、根

系状况、叶片数、整体感、整齐度和病虫害损伤等指标来判定。出圃种苗的质量标准见表7-4，几种常见切花的出圃规格标准见表7-5。

表7-4　　出圃种苗的质量标准（熊丽等，2003）

评价项目		等级		
		1级	2级	3级
1	根系状况	根系生长均匀、完整，无缺损	根系生长较均匀、完整，无或稍有缺损	根系完整，生长一般，稍有缺损
2	整体感	生长旺盛，形态完整、均匀和新鲜；粗壮，挺拔，匀称；叶色油绿，有光泽	生长正常，形态完整、均匀和新鲜；较粗壮，挺拔，匀称；叶色油绿，光泽稍差	生长一般，形态完整、均匀，新鲜程度稍差；秆一般或稍有徒长现象；叶色绿，光泽稍差
3	整齐度	同一级别中90%以上的地径、苗高分别在批次种苗平均地径、平均苗高的±10%范围内	同一级别中85%以上的地径、苗高分别在批次种苗平均地径、平均苗高的±10%范围内	同一级别中80%以上的地径、苗高分别在批次种苗平均地径、平均苗高的±10%范围内
4	病虫害损伤	无检疫性病虫害，无病虫害为害斑点	无检疫性病虫害，无病虫害为害斑点	无检疫性病虫害，无病虫害为害斑点

表7-5　　几种常见切花的出圃规格标准（熊丽等，2003）

序号	种类名称	1级			2级			3级		
		地径/cm	苗高/cm	叶片数/片	地径/cm	苗高/cm	叶片数/片	地径/cm	苗高/cm	叶片数/片
1	满天星	≥0.6	6~8	≥14	0.4~0.6	5~6	11~12	0.2~0.4	4~5	10~11
2	非洲菊	≥0.5	10~12	≥10	0.4~0.5	8~10	4~7	0.3~0.4	6~8	3~4
3	补血草	≥0.5	12~14	≥14	0.3~0.5	10~12	8~10	0.2~0.3	8~10	6~8
4	情人草	≥0.5	11~13	≥12	0.3~0.5	9~11	6~12	0.2~0.3	6~9	4~6
5	草原龙胆	≥0.4	6~8	≥10	0.3~0.4	4~6	6~8	0.2~0.3	3~4	4~6
6	菊花	≥0.6	8~12	≥12	0.5~0.6	6~8	10~12	0.4~0.5	3~4	8~10
7	孔雀草	≥0.5	8~12	≥14	0.4~0.5	5~6	10~14	0.2~0.4	3~5	6~10

五、组培苗木的包装与运输

1. 对包装箱的要求

包装箱的质量可因苗木种类、运输距离不同而异。近距离运输，可用简易的纸箱或木条箱，以降低包装成本；远距离运输，要多层摆放，充分利用空间，应考虑箱的容量、箱体强度，以便经受压力和颠簸。包装箱印有本公司商标，以利于公司及组培苗木的销售。

2. 对组培苗木的要求

组织培养苗木驯化移栽成活后一般采用水培和基质培育苗，但起苗后根系全部裸露，根系须采取保湿等措施，否则经长途运输后成活率会受到影响。采用岩棉、草炭土作为基质质轻、保湿并有利于护根，效果较好。目前推广应用的穴盘育苗法基质使用量少，护根效果好，便于装箱运输，适合苗木运输。一般远距离运输应以小苗为宜，尤其是带土的秧苗。小苗龄植株苗小、叶片少，运输过程中不易受损，单株运输成本低。但是，在早期产量显著影响产值的情况下，为保护地及春季露地早熟栽培培育的秧苗需达到足够大的苗龄才能满足用户的要求。

3. 对运输工具的要求

根据运输距离的远近选择运输工具。近距离运输可用一般汽车；远距离运输则需要依靠火车或大容量汽车，最好具有调温、调湿装置。组培苗最好直接运至定植场所，避免多次搬动，以减少秧苗受损。对于珍贵苗木或有紧急时间要求者也可空运。

4. 对运输适温的要求

一般组培苗木运输需要低温条件（9~18℃）。果菜秧苗的运输适温为10~21℃，低于4℃或高于25℃均不适宜；结球甘蓝等耐寒叶菜秧苗运输适温为5~6℃。

5. 做好运输工作

（1）运输前的准备

①确定具体启程日期，并及时通知育苗场及用户注意天气预报，做好运前的防护准备，特别在冬春季，应做好秧苗防寒防冻工作。起苗前几天应进行秧苗锻炼，逐渐降温，适当少浇或不浇营养液，以增强秧苗抗逆性。

②运输前秧苗的包装工作应加速进行，尽量缩短时间，减少秧苗的搬运次数，将苗损伤减少到最低程度。

③为了保证和提高运输组培苗的成活率，应注意根系保护及根系处理。一般的水培苗或基质培苗，取苗后基本不带基质，可由数十株至百株（据苗大小

而定）扎成一捆，用水苔或其他保湿包装材料将根部裹好再装箱。穴盘苗的运输带基质，应先振动秧苗使穴内苗根系与穴盘分离，然后将苗取出带基质摆放于箱内；也可将苗基部蘸上用营养液拌和的泥浆护根，再用塑料膜覆盖保湿，以提高定植后的成活率及缓苗速度。

（2）运输　运输应快速、准时，远距离运输中途不宜过长时间停留。运到地点后应尽早交给用户，及时定植。如用带有温湿度调节的运输车运苗，应注意调节温湿度，防止过高、过低的温湿度为害秧苗。

单元三 成本核算与效益分析

一、成本核算

组培苗木工厂化生产是商业行为，只有生产出质优价廉的试管苗，才能在市场竞争中取胜，才能获得较好的经济效益。因此，必须进行生产成本的核算。一个组培工厂的成本指标，是反映其经营管理水平和工作质量的综合指标；也是了解生产中各种消耗，改进工艺流程，改善薄弱环节的依据；还是提高效益，节省投资的必要措施。组培育苗的成本核算比较复杂，组培育苗既有工业生产的特点，可周年在室内生产，也有农业生产的特点，需要在温室或田间种植，受气候和季节的影响，需要较长时间的管理，才能出圃成为商品。加之不同种类、不同品种之间的繁殖系数、生长速度均有较大差异，很难逐项精确核算。一般做法是认真记录年产一定数量组培苗的各项支出。组培苗木工厂化生产成本划分见表 7-6。年产 100 万株试管苗的组培室内成本核算表见表 7-7，不同植物试管繁殖成本一览表见表 7-8。

表 7-6　组培苗商业化生产的成本划分

名称		具体项目	备注
销售成本	直接成本 间接成本	培养基的制备费、水电费、员工工资等 仪器设备的折旧与维护费、生产物资费用等	直接用于组培苗生产的费用可按比例计入组培苗生产成本
间接费用		管理费、销售费、财务费等	组织管理生产经营而产生的费用，不能计入组培苗生产成本

表 7-7　　年产 100 万株试管苗的组培室内成本核算表（沈海龙，2005）

生产流程	基建费/元	设备折旧费/元	试剂费/元	水费/元	电费（取暖费）/元	员工工资费/元	合计/元
洗涤	7150	16700	—	2000	200	4500	—
培养基配置	—	—	2306	—	10607.6	6918	—
接种	—	—	—	—	1844.6	28825	—
培养	—	—	—	—	31737.6	—	—
总计	7150	16700	2306	2000	44390	40243	112789
占总开支/%	6.34	14.8	2.01	1.77	39.36	35.67	—

表 7-8　　试管繁殖成本一览表（王清连，2004）

植物种类	商品类型	成本/株（人民币或美元）	时间
草莓	苗	0.05	1986
百合	鳞茎	0.041	1978
花椰菜	小苗	$0.02	1978
蕨	苗	$0.01~0.14	1978
无花果	苗	$0.04~0.22	1978
铁树	苗	$0.05~0.14	1978
非洲香堇菜	苗	$0.10~0.14	1978
胶皮糖香树	苗	$0.12	1978
辐射松	苗	$0.50	1995
除虫菊	苗	$0.15	1981
槭树	苗	$0.12	1981
杨槐	苗	$0.12	1981
桉树	苗	$0.45	1981
康乃馨	苗	0.05	1982
葡萄	定植苗	0.546~0.64	1984
葡萄	脱毒苗	1.60~1.80	1998
大枣	苗	1.20~1.60	1998
黑穗醋栗	苗	0.038	1986
君子兰	苗	0.15	1987
非洲菊	苗	0.2	1987

续表

植物种类	商品类型	成本/株（人民币或美元）	时间
珠美海棠	定植苗	0.223	1990
兰花	苗	$0.46	1993
非洲菊	苗	$0.63	1993
灯台花	苗	$0.63	1993

二、提高组培经济效益的措施

组培苗木工厂化生产能否获得良好的经济效益，主要受市场因素和自身经营管理水平两大因素限制。根据市场需求，以销定产，应时生产出名、特、新、优组培种苗，并批量投放市场，可减少成本投入，有效提高经济效益。另外，加强自身经营管理水平，降低生产成本，或使组培苗增值，则是提高组培苗经济效益的重要措施。

1. 降低生产成本

组培苗木生产成本受许多因素的影响，但主要取决于设备条件、管理水平及操作工人的熟练程度。在实际生产中，应根据自身条件最大限度地降低成本。降低生产成本可从以下几方面入手：

（1）降低污染率，适当提高繁殖系数和继代次数，提高生根率和移栽成活率。

（2）提高接种人员的操作水平和生产效率，减少劳务开支。

（3）减少设备投资，正确使用仪器设备，延长使用寿命，减少维修费支出。

（4）最大限度降低能耗，充分利用培养室空间。

（5）实施简化组培，做到简化组培程序，节约生产材料，方便操作，提高移栽成活率。

（6）适度规模生产，提高利润。

（7）加强横向联合，组培种类多样化。

2. 组培苗增值

（1）培养珍稀、名特优植物和脱毒种苗，抢占市场。

（2）培养有自主产权的组培苗，采取品牌经营策略。

（3）销售筛盘苗或营养钵苗。

（4）利用驯化成活后的组培苗分株、扦插增殖苗木。

（5）种苗销售与药用成分提取并举。

单元四 经营管理思想与措施

一、经营管理思想

经营管理是企业根据市场需求及其变化，协调企业内外部活动，确定与实现企业的方针、目标，以求得企业生存与发展的思想，它贯穿经营的全过程。在经营管理思想指导下形成经营管理理论，用于指导生产经营实践，不断促进企业的生产力发展。

组培苗木工厂化生产是实行培育、生产、销售一条龙，采取农工贸一体化经营、企业化管理的一种产业。在市场经济大环境下，组培苗木商业化生产应该树立市场观念，具有市场经营思想，以市场需求为导向，以销定产，并加强技术创新，提高组培苗质量，从而提高组培苗的市场竞争力，不断开拓市场；以人为本，健全内部管理体制和机制，实施科学规范管理，注重成本核算，实施优质种苗的规模化、标准化生产，实现经济效益最大化；坚持用户至上，做好市场调研和组培苗售后服务工作，把握市场需求变化，做到科学合理安排生产，不断满足经销商和用户的需求，从而在市场中立于不败之地。

二、经营管理措施

组培苗木工厂化生产的经营管理措施包括机构设置、生产计划制定与实施、人员管理、生产过程管理、产品管理和销售管理等方面。

（一）机构设置与部门岗位职责

组培苗木工厂化生产需要制定科学的生产计划，并有效组织实施，需要发挥人才和技术优势，不断提高生产效率，而这些都受到机构设置、管理体制和管理制度的直接影响。因此，要合理设置组培苗木工厂化生产的组织机构，健全管理体制，明确各部门岗位职责。组培苗木工厂化生产的组织机构与管理体制和各部门岗位职责分别见图 7-3 和表 7-9。

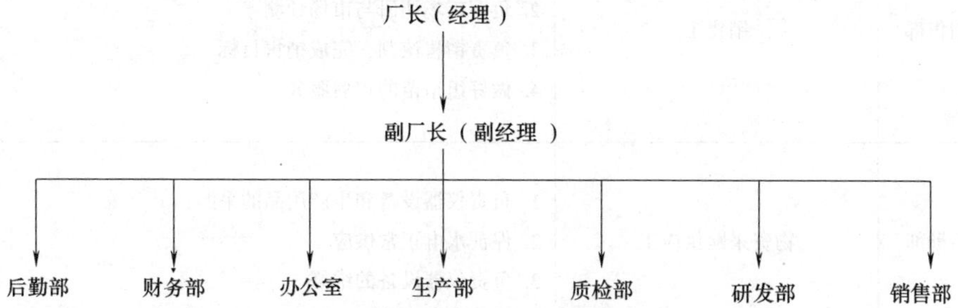

图 7-3　组培育苗工厂的机构设置

表 7–9　　组培育苗工厂的主要部门岗位职责

部门名称	工种	岗位职责
生产部	勤杂、清洁工	1. 负责洗涤器皿、用具 2. 保持生产区公共环境卫生 3. 负责组培苗包装与原材料和成品苗的装卸
	培养基制备工	1. 负责生产所用的培养基的配制 2. 负责药品保管、仪器设备维护保养
	接种工	1. 负责培养材料的切割、转移等接种工作 2. 保持缓冲间、接种车间的整洁 3. 定期对接种车间进行灭菌
	培养工	1. 负责培养车间的培养条件设置与调控 2. 做好培养材料的出入库登记保持和日常记录 3. 及时清除污染及生长分化异常苗（瓶） 4. 保持培养车间的整洁，并定期消毒
	驯化移栽工	1. 精心做好组培苗驯化炼苗 2. 细心移栽和管理幼苗，做好移栽记录 3. 做好出入库苗木登记 4. 做好驯化移栽棚室的日常管理与安全卫生
质检部	质检工	1. 制定组培苗木出厂质量标准 2. 负责组培苗木质量检验
研发部	技术研发工	1. 负责组培无性繁殖系的建立 2. 负责最佳培养基配方和培养条件的研究 3. 负责解决生产上出现的问题 4. 做好种源和技术储备 5. 建立技术档案，并做到技术保密
销售部	销售工	1. 做好广告宣传 2. 负责市场调研与市场预测 3. 负责销售谈判，完成销售目标 4. 做好组培苗的售后服务
后勤部	物资采购供应工	1. 负责仪器设备和生产用品的采购 2. 保证水电正常供应 3. 负责仪器设备的维修

（二）生产计划制定与组织实施

通过市场调查与分析预测，结合自身生产条件和能力，科学制定生产计划，并有效组织实施，使生产目标制定合理、生产针对性强、生产效率高。具体参见单元一的内容。

（三）人员管理

人员管理是组培苗木工厂化生产管理内容中的重要一环。人员管理好，生产效率、产品质量就有了保障，经济效益也会随之提高。管理理念应以人为本，各尽所能；在员工管理上，要加强员工技术培训，使之达到操作熟练、快速、准确、污染率低等要求；对员工应实行生产责任制，生产分段承包，责任到人，定额管理；实行员工工资与企业效益挂钩，采取计件工资、奖优罚劣的办法，这是提高劳动生产率的有力措施。这样，既能够提高劳动生产效率，又能够提高员工生产、创新的积极性，有利于企业的蓬勃发展。对于管理人员本身，要求应有较强的责任心、管理能力和较高的素质，通过参与企业竞争，用ISO9000标准来衡量其管理工作是否高效。

（四）生产过程管理

组培苗木工厂化生产工艺流程比较复杂，涉及许多方面的工作，通过制定合理的规章制度，实施科学化、规范化、标准化的管理，才能使生产按计划有条不紊地进行，保证产品质量，并能避免因人为失误而造成人身及财产的损失，保证产品质量。制定的主要规章制度有：采种扩繁登记制度；无菌操作技术规程；培养基配制技术规程；高压锅操作规程；组培苗驯化移栽管理制度；母本及商品种苗检验检疫制度；用工管理制度；奖惩制度；岗位责任制和生产定额管理制度等。另外，各部门需建立“作业指导书”，工作人员严格按照“作业指导书”的要求完成工作任务；不同技术职能部门之间的交接设立“产品放行准则”，把不符合要求的成品或半成品均不予放行至下一生产环节，确保放行的产品符合规定的标准，每一个过程完成后都要有文字记录，有责任人。生产的全过程可实行计算机管理。

（五）产品管理

每一种组培苗的产品均建立完整的档案，其内容包括母株性状和种植（采样）地点、接种日期、继代代数、生产数量、销售地点、种植地点、生长状况等。每一产品用一个编号，便于查询和生产过程中的分辨、区别，以确保产品质量和售后跟踪服务。

（六）销售管理

经营者做好市场调研与分析预测，确定产品宣传和促销策略；详细了解用户需求，做好订单保存与执行工作；根据企业自身条件、产品类型、数量、市场供求状况和价格等因素，确定合理的销售范围，选择合适的销售渠道与销售方式（表7-10）；尽己所能推销产品，尽快收回资金，降低经营风险；本着用户至上原则，尽量为客户提供方便；做好产品销售统计、售后服务和跟踪调查工作。

表7-10　　组培苗销售方式的选择依据

主要销售方式	选择销售方式的依据
人员推销	1. 种苗市场集中 2. 企业规模小，产量少，资金不足 3. 本地产品种苗供应集中，运输距离短，销售时效性强
广告宣传	1. 种苗市场分散 2. 企业规模大，产量多，资金实力雄厚 3. 珍稀品种，种苗用量少 4. 组培苗试销期内 5. 展览会现场

（七）技术交流与推广

通过组织安排技术人员参加各种学术会议和进修提高、与高校、科研单位及企业同行开展横向联合或举办联谊会活动等措施，加强技术学习与交流，及时吸纳先进技术经验，使技术得到及时更新和提升。另外，企业凭借自身在人才和技术上的优势，对外积极开展技术培训和技术推广，一方面扩大企业的社会知名度和影响力，另一方面在获得一定经济效益的同时，为今后开展项目和技术合作创造条件，同时也利于产品的销售。经营者要做好技术交流与推广计划的制定与实施工作，做到有目的、有组织、有效果、有总结。

技能部分

技能一
组培育苗工厂的规划设计

技能目标

1. 规划布局和生产工艺流程设计科学合理、经济适用，符合技术要求。
2. 设计图美观大方、比例协调。
3. 生产计划的制定与生产规模和工艺流程相适应。

一、训练前准备

光盘或录像带，事先联系好的组培育苗企业或校外实训基地，必要的交通工具，钢笔，笔记本，数码相机，绘图纸，绘图笔，计算机。

二、方法步骤

（1）集体参观校内组织培养实验（训）室和组培育苗企业或校外实训基地。

（2）集体观看植物组织培养与工厂化育苗方面的光盘或录像。

（3）教师明确设计任务，学生按照厂区规划、生产工艺流程、生产计划的先后顺序进行设计。

（4）完成设计方案（包括厂区平面设计图与设计说明、工艺流程设计图、生产计划方案等）。

三、注意事项

（1）教师在实训前要做好充分准备，包括联系好参观单位，落实交通工具，制定出详细的实训方案等。

（2）做好实训前的动员工作。

（3）实训做到集中与分散相结合，紧张有序，松而不散，防止流于形式。

四、训练与考核建议

此项技能训练是综合性技能训练，以设计思想指导为切入点，以小组合作设计为实训的主要形式，以所学理论知识和技能为基础，注重学生思维能力、创新能力的提高，强化团队精神培养和知识、技能的综合运用。

考核侧重设计方案的针对性、科学性、合理性、可行性，做到技能考核与综合素质考核相结合。考核方案见表 7-11。

表 7-11　　考核方案

考核项目	考核标准	考核形式	满分
实训态度	实训认真、主动，积极思考，责任心强，有创新精神	随机观察	15 分
平面设计图	设计科学、全面，布局合理，经济适用，符合工厂化生产的技术要求（35 分）；设计图格式正确、美观大方、比例协调（5 分）	批阅设计图 讨论	40 分
生产工艺流程	设计科学、实用，针对性强，符合技术要求和实际情况	批阅设计图 讨论	25 分
生产计划方案	与生产规模和工艺流程相适应（10 分）；方案科学、全面、细化（10 分）	批阅设计图 讨论 口试	20 分

技能二 培训计划的制定

技能目标

培训计划格式正确，考虑周全，安排合理，针对性强。

一、训练前准备

钢笔，笔记本，计算机，企业员工、下岗工人等培训对象的具体资料；培训场地及相关道具等。

二、方法步骤

（1）教师拟定针对不同培训对象的培训任务，并提供必要的背景资料。

（2）学生分组通过走访或网络搜索等多种方式，进一步了解培训对象和培训需求。

（3）根据现有条件，确定培训方式、培训时间、培训内容，以及培训期间的组织分工。

（4）小组撰写培训计划。

（5）模拟培训。以实训班级为假想培训对象，各小组轮流组织，现场培训，教师点评。

三、注意事项

（1）实训期间充分发挥学生的主观能动性

（2）强调培训和培训计划的针对性。

四、训练与考核建议

分组同步训练，集中训练与分散训练相结合。

考核做到定性与定量相结合，既重视培训计划的撰写质量，又兼顾模拟培训效果。考核方案见表 7-12。

表 7-12　考核方案

考核项目	考核标准	考核形式	满分
实训态度	实训认真、主动，积极思考，责任心强，有开拓创新精神	随机观察	15 分
培训计划	方案撰写格式正确（5 分），制定科学、全面，安排合理，经济适用（25 分）；符合培训目的和实际情况，针对性强（15 分）	批阅方案 讨论	45 分

续表

考核项目	考核标准	考核形式	满分
培训效果	组织协调到位（10 分），培训质量高（20 分），语言表达能力强（10 分）	现场考核	40 分

技能三 组培新技术推广方案的制定

技能目标

1. 方案撰写格式正确、全面具体、科学合理。
2. 方案符合实际，针对性和可操作性强。

一、训练前准备

计算机，笔记本，钢笔等。

二、方法步骤

（1）学生分组对本地区或学校所在市区进行组培企业和组培生产状况调查。

（2）各实训小组制定出某项组培新技术的推广方案。推广方案要写清以下几方面：

①项目名称与任务、项目的先进性等简要情况介绍。

②项目的经济技术指标和效益指标。

③主要技术措施和实施方法。

④项目落实的具体安排情况，包括时间、技术培训、交流检查、评估、总结等。

（3）实训班级内小组间交流。

三、注意事项

强调技术推广方案以市场调研为依据的重要性。

四、训练与考核建议

分组同步训练，集中训练与分散训练相结合。

考核做到定性与定量相结合，既重视技术推广方案撰写质量的考核，又要兼顾实训态度与前期准备充分与否的考核。考核方案见表 7-13。

表 7-13 考核方案

考核项目	考核标准	考核形式	满分
实训态度	实训认真、主动（4 分），积极思考，责任心强（5 分），有开拓创新精神（6 分）	随机观察	15 分
方案设计与内容	方案撰写格式正确（5 分）；方案制定科学、全面、细化，针对性强（25 分）；符合培训目的和实际情况，有较强的针对性和可操作性（15 分）	审阅推广方案 讨论 口试	45 分
模拟推广效果	准备充分（10 分）；现场表现好（20 分）；有一定攻关能力（10 分）	现场考核	40 分

思考与练习

一、名词解释

市场占有率　试管苗的增殖率

二、填空

（1）组培苗质量鉴定内容包括（　　）、（　　）和（　　）。

（2）年生产苗数计算公式（理论推算）：$Y=$（　　）。

三、简答

（1）如何制定生产计划？

（2）结合本校组培实验室或某组培育苗工厂的生产实际，请你大致估算其组培苗的生产成本与经济效益，并提出切实可行的提高经济效益的措施。

（3）人们常说“从管理要效益”，请你结合实际，谈谈如何做好组培育苗工厂的经营管理工作。

项目八
组织培养实例

单元一
花卉的组织培养

一、百合的组织培养

百合（*L. brownii* F. E. Brown var. *viridulum* Baker）为百合科百合属多年生草本鳞茎植物。原产亚洲东部的温带地区，中国、日本及朝鲜野生百合分布甚广。中国食用野生种百合遍及南北 26 个省区，垂直分布在海拔 200~3200m。百合是名贵的切花和盆花，还具较高的营养价值和药用价值，其鳞茎除供食用外，还可入药，有养阴润肺、清心安神之功能。百合受病毒侵染，其花形和花色均表现退化现象。采用组织培养手段，既可以进行百合脱毒，防止品种退化，又能实现名优新品种的快速繁殖。

（一）组培快繁工艺流程

百合组培快繁工艺流程见图 8-1。

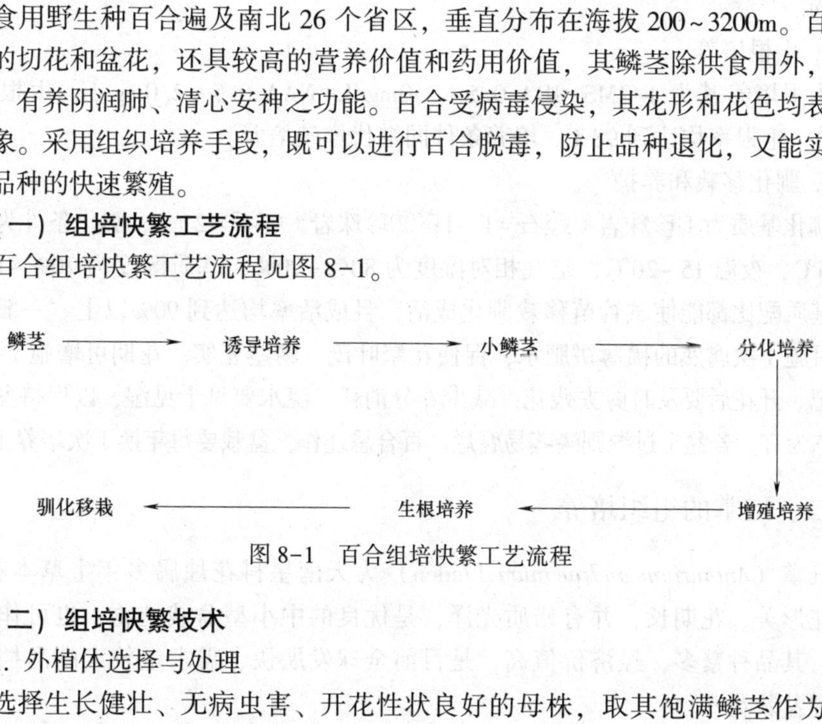

图 8-1　百合组培快繁工艺流程

（二）组培快繁技术

1. 外植体选择与处理

选择生长健壮、无病虫害、开花性状良好的母株，取其饱满鳞茎作为外植体。将采集来的外植体先用0.3%的洗衣粉水浸泡10min，再用流水冲洗30min，然后在超净工作台内用75%的酒精浸泡30s，再用0.1%的氯化汞消毒8~12min，最后用无菌水冲洗3~5次。冲洗完毕后，将鳞片切割成0.5~1.0cm见方的小块，迅速接种于诱导培养基中。每1种诱导培养基内，鳞片内表面向上和向下接种的外植体数量各占一半。

2. 初代培养

外植体接种后先暗培养7d左右，然后转入光下培养，保持光照10~12h/d，光强1500~3000lx，温度23~27℃。诱导小鳞茎的培养基为MS+NAA 0.5mg/L+6-BA 2.0mg/L。培养10~15d后在鳞片内表面朝上和朝下接种均可诱导出小鳞茎。其中，以鳞片切块内表面向上的接种方式为最佳，小鳞茎诱导率达到180.0%，比鳞片内表面向下接种的诱导率高110.5%。

将小鳞茎切割转入分化培养基（与诱导培养基相同）中，10d后小鳞茎的出芽率（分化率）达到100%，平均芽长可达到2.41cm。如在诱导培养基内继续培养，小鳞茎也可直接分化出苗。

3. 苗增殖培养

当苗高3~4cm时，分割芽丛成单芽并将芽的叶片去掉1/3~1/2，转接到增殖培养基上。增殖培养基为MS+NAA 0.2mg/L+6-BA 2.0mg/L。接种20d后大多数单芽基部均可分化出新的单芽，增殖率达到230%。增殖培养条件与初代培养相同。

4. 生根培养

生根培养基为1/2MS+IBA 0.5~2.0mg/L+NAA 0.5~2.0mg/L。生根培养15d后，生根率均达到98%。培养条件同继代增殖培养。

5. 驯化移栽和养护

驯化基质为①珍珠岩：蛭石=1∶1；②珍珠岩：蛭石=2∶1。驯化条件为昼温20~25℃，夜温15~20℃，空气相对湿度为80%~90%，基质湿度为70%~80%。两种基质配比都能使试管苗移栽驯化成活，且成活率均达到90%以上。一般每隔半个月施1次腐熟的稀薄饼肥水，促使花繁叶茂、鳞茎充实。花期可增施1~2次磷钾肥。开花后要及时剪去残花，减少养分消耗。浇水要见干见湿，以保持盆土略湿状态为宜。若盆土过湿则鳞茎易腐烂。百合忌连作，盆栽要每年换1次培养土。

二、红掌的组织培养

红掌（*Anthurium andraeanum* Linden）为天南星科花烛属多年生草本花卉。红掌花形美、花期长，并有蜡质光泽，是优良的中小型盆栽植物；也可作名贵切花。其品种繁多，经济价值高，是目前全球发展快、需求量较大的高档热带切花和盆栽花卉。

红掌的种子繁殖所需时间较长，分株繁殖的繁殖系数又很低，远远不能满足市场的需要。因此，采用组织培养技术快速繁殖成为唯一有效的繁殖手段，能在短期内供应大量优质种苗。

(一) 组培快繁工艺流程

红掌组培快繁工艺流程见图 8-2。

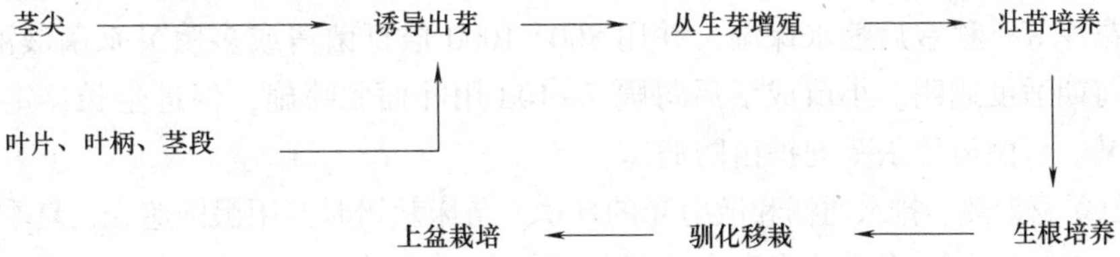

图 8-2　红掌组培快繁工艺流程

(二) 组培快繁技术

1. 外植体的选择与处理

红掌的茎尖、茎段、叶片、叶柄都可以作为最初培养的外植体。将外植体清洗干净，用 75%的酒精浸泡约 30s，无菌水漂洗 1 次后，用 0.1%的氯化汞消毒 10~15min，再用无菌水充分漂洗，以去除残留在材料表面的消毒液。接种前用无菌滤纸吸去外植体表面的水分，按常规要求切成适宜的大小接种。

2. 初代培养

用茎尖或芽培养，可直接诱导出不定芽或侧芽，经切段可以不断增殖；而叶片、叶柄或茎段培养则先诱导出愈伤组织，再诱导愈伤组织形成芽或胚状体。

培养基采用 ZS（为改良 MS 培养基，即 NH_4NO_3 改为 412mg/L，$FeSO_4 \cdot 7H_2O$ 改为 9.3mg/L）和 MS 为基本培养基。茎尖、芽的诱导培养基为 MS+BA 0.5~1.0mg/L+IBA 0.2~0.5mg/L；叶片等诱导愈伤组织的培养基为 ZS+BA 1.0mg/L+2,4-D 0.1mg/L。分化培养基为 ZS+BA 1.0mg/L+IAA 0.1mg/L。接种后前几天可适当遮光，以后转入正常培养，光强 1000~1500lx，光照 8~10h/d，温度 25℃。茎尖或芽接种后可直接诱导不定芽或侧芽的发生；而叶片、叶柄或茎段一般会诱导出愈伤组织，再经愈伤组织分化出芽或胚状体。

3. 继代培养

芽萌发或愈伤组织分化出芽后转接到增殖培养基 MS+BA 0.5~1.0mg/L+IBA 0.2~0.5mg/L 中以芽生芽的方式增殖培养。一般每 40d 继代 1 次。随继代次数的增多，培养基中应逐步降低 BA 浓度，进行壮苗培养，如用 0.1~0.2mg/L 6-BA，可促进芽苗长大长壮。

4. 生根培养

壮苗培养 1~2 代后，将芽苗转入生根培养基 1/2MS+IBA（或 IAA）0.1mg/L 诱导生根。一般7~10d后幼苗基部会长出气生根，之后根系逐步形成；30~40d左右试管苗高可达3~4cm。这一时期适当提高光照强度可使试管苗更为粗壮。

5. 驯化移栽与养护

当苗高3~4cm，根长1~1.5cm时，取出红掌组培瓶苗，用自来水漂洗净苗上的培养基后进行移栽。移栽基质可选择使用泥炭、珍珠岩、椰糠配比为3∶1∶1或珍珠岩、蛭石、草炭土配比为1∶1∶2的复合基质，也可以用河沙、碎插花泥等。移栽后喷水保湿，并用800~1000倍百菌清或多菌灵杀菌液淋透。移栽前期适度遮阴。小苗成活后每隔7~10d用叶面肥喷施，促进生长；定期喷多菌灵、百菌清等杀菌剂护苗防病。

红掌喜湿热、排水通畅和散射光的环境。苗床栽培时要用黑网遮光，夏季遮光率应达75%~80%，冬季遮光率应控制在60%~65%，终年温度应保持在18~20℃以上，但不宜超过35℃，当温度高于35℃，应及时向植株及周围喷水。

红掌试管苗长出新叶后应上盆养护，定植时不必施用基肥。随小苗的长大，可每隔1~2周追施一次稀薄液体肥料，供水应以喷灌为主，这样可以满足植株喜欢空气湿度大的要求。红掌养护期间加强对红蜘蛛、线虫、菜青虫的防治，但由于红掌对杀虫剂敏感，所以使用杀虫剂浓度一定要准确，通常比用于其他花卉的要低。

三、兰花的组织培养

（一）蝴蝶兰

蝴蝶兰（*Phalaenopsis*）是兰科蝴蝶兰属的一种热带附生兰，素有“兰花皇后”的美誉。其花大如蝶、形态美妙、花色艳丽、色泽丰富、花期持久，成为名贵高档花卉之一。

蝴蝶兰常规无性繁殖速度极慢，繁殖系数低，一般通过组织培养来实现蝴蝶兰的快速、批量繁殖。因为蝴蝶兰的花梗腋芽具有取材和消毒较容易、不伤及母株、组培效果较好和容易组培成功的特点，所以特别适合蝴蝶兰的离体快繁。

1. 组培快繁工艺流程

蝴蝶兰组培快繁工艺流程见图8-3。

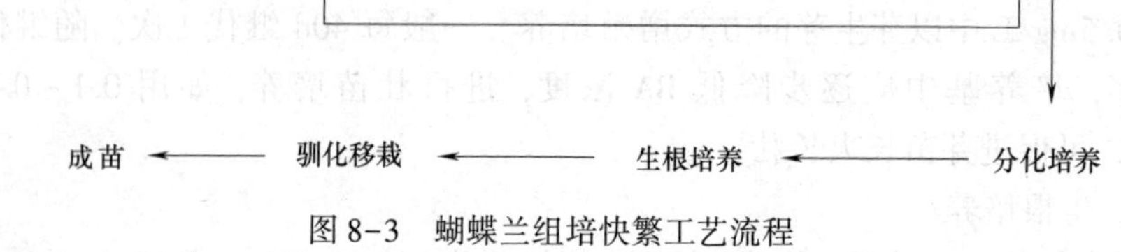

图8-3 蝴蝶兰组培快繁工艺流程

2. 组培快繁技术

（1）初代培养

①外植体的选择与处理：当蝴蝶兰花梗抽出15cm左右时，整枝取下，去除花瓣，经流水冲洗后，先用10%漂白粉溶液表面消毒5min，并用无菌水漂洗后，剥去最外一层苞叶，再用漂白粉溶液消毒15min，无菌水漂洗数次。然后将中部的花梗剪成长约2cm的带饱满腋芽的切段或1~1.5cm长的花梗节间，接入诱导培养基上。

②初代培养花梗腋芽和花梗节间的诱导培养基分别是MS+BA 3.0~5.0mg/L和改良MS培养基+6-BA 5~7.5mg/L+NAA 0.5~1.0mg/L+CM（或香蕉泥、马铃薯汁）15%。接种后在25~28℃、光强1000~2000lx、光照10~12h/d的条件下培养。3~4周后腋芽明显膨大变绿，6~8周后腋芽伸长长大并在基部开始产生丛芽。除了MS培养基外，花梗腋芽诱导还可选用Kyoto培养基：花宝1号（Hyponex 7-6-19）3g/L+胰蛋白胨2g/L。接种后7d左右，腋芽膨大并向外伸长，30d后长出小叶，55d后长成4~5片叶的单株小芽苗。

将芽苗上的无菌叶片切成0.5cm见方接种于MS+NAA 5.0mg/L+KT 10mg/L+10% CM或花宝1号（Hyponex 7-6-19）30mg/L+6-BA 10mg/L+NAA 1mg/L+10.0mg/L腺嘌呤的培养基上，在温度25℃、光强500lx、光照16h/d的条件下培养。1个月后在叶片切口四周萌生出许多原球茎，且以顶部第一叶片原球茎诱导率最高。另外，花梗节间接种后1个月，也能长出原球茎。

（2）继代增殖培养

①丛生芽继代：当花梗腋芽诱导培养55~60d后，花梗基部和培养基逐渐变黑，此时将诱导出的丛生芽切分成单芽或双芽转接到MS+BA 3.0~5.0mg/L的培养基上继代增殖，约50d后可生成新的丛生芽，增殖倍数3~4。

②原球茎继代：将原球茎切成小块，接种MS+BA 5.0mg/L+NAA 1.0mg/L+10%的椰乳（或香蕉汁）的增殖培养基上，原球茎增殖效果好，但品种间差异很大。一般以液体振荡培养的原球茎增殖培养效果最好，因为原球茎在振荡的液体培养基中生长，不但生长快速（增殖周期15~20d），而且消除了分化极性，有利于收获大量生长均一的原球茎和进一步分化出生长整齐一致的健壮植株。

③分化和生根培养：原球茎分化比较容易，如果长时间不转移就可变绿，并分化出芽苗。将丛生芽切分后接种到生根培养基上，20d左右生根，2~3个月就可移栽。生根培养基为1/2MS（或花宝1号3g/L）+NAA 0.5~1.0mg/L+IBA 1.0mg/L+香蕉泥100g/L+AC 3g/L。

④驯化移栽：当蝴蝶兰试管苗具3~4条根、3~4片叶和叶长3~5cm时即可驯化移栽。具体方法是先在驯化棚室内自然放置1~2周后，再开瓶或半开瓶炼

苗 3~5d，然后将出瓶的试管苗在 500 倍多菌灵溶液或 0.05%$KMnO_4$ 溶液中浸泡 5min 后，分级晾干，当肉质根达到轻度生理萎蔫时，再分级移栽到苔藓基质中。刚移栽后的蝴蝶兰应保持光强 5000~10000lx、温度 25~30℃、空气湿度 85%、通风良好，以有利于试管苗的快速生长。新根长出后，每隔 7~10d 施肥（N、P、K 的比例为 18∶18∶18，浓度为 30~40mg/L，并添加适量的 KH_2PO_4 和微量元素）1 次。当蝴蝶兰试管苗养护 4 个月左右，叶间距达到 12cm 时，就可换盆定植，过渡到正常的栽培管理。

（二）大花蕙兰

大花蕙兰（*Cymbidium* spp.）为兰科蕙兰属多年生附生性的草本花卉。由于大花蕙兰的叶长碧绿、花茎直立，花大且花形规整，色泽鲜艳，豪放壮丽，具有国兰的幽香典雅，又有洋兰的丰富多彩，被称为世界著名的“兰花新星”，在亚热带及温带地区广泛栽培，在国内外市场十分走俏，深受各国花卉爱好者的喜爱。

采用组织培养技术，能够克服分株和播种繁殖的缺点，实现大花惠兰种苗的快速繁殖和脱除病毒，生产出健康、优质的种苗。

1. 组培快繁工艺流程

大花惠兰组培快繁工艺流程见图 8-4。

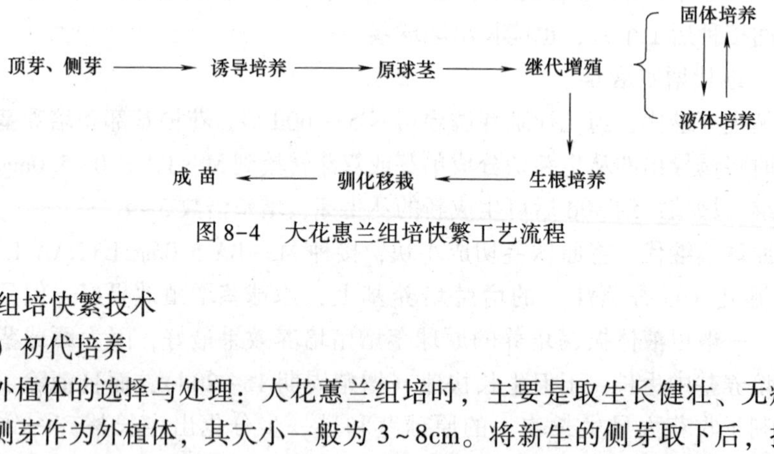

图 8-4　大花惠兰组培快繁工艺流程

2. 组培快繁技术

(1) 初代培养

①外植体的选择与处理：大花蕙兰组培时，主要是取生长健壮、无病虫害的新生侧芽作为外植体，其大小一般为 3~8cm。将新生的侧芽取下后，按照流水冲洗 30min 去除最外部 1~2 片苞叶，10%次氯酸钠溶液（加数滴吐温-20）中消毒 15~20min，无菌水漂洗数次，再去除 1~2 片叶，2%次氯酸钠溶液二次消毒 5min，无菌水漂洗数次的顺序进行外植体修整和消毒。然后在超净台上借助解剖镜，切下芽的分生组织（大小 1~2mm），迅速接种到诱导固体或液体培养基上。

②初代培养：诱导培养基为 KC 或 MS+BA 0.2~1.0mg/L+NAA 0.1~0.5mg/L+蛋白胨 2g/L。培养适温 23~25℃，光照 12h/d，光强 2000lx。培养 4~6 周后可得外

植体周围原球茎。由于大花蕙兰的芽不易发生褐变，不用频繁转瓶。

（2）继代增殖培养　将直径 2mm 以上的原球茎切块，转接到 MS+BA 2.0mg/L+NAA 0.1mg/L 的继代增殖培养基上，每瓶接种 10~20 块材料。培养 4~6 周后可长出 5~10 个原球茎，再切割转接，如此反复就建立起大花蕙兰无性繁殖系。增殖过程最好选择固态、液态交替培养，原球茎增殖速度快且质地好，适合连续继代增殖。

（3）分化和生根培养　大花蕙兰原球茎长时间不切割转接，能够分化出芽苗。将长至 2~3cm 的芽苗，从其基部切下，转接到 1/2MS+IBA 2.0mg/L+肌醇 100mg/L+CH 1000mg/L+5%黄瓜汁 100mL/L+AC 0.2%~0.4%的生根培养基上，经过 6~8 周培养，就可长成高 8~10cm、根长 2cm 左右、具 3 片叶以上的大苗。

（4）驯化移栽　大花蕙兰试管苗的驯化移栽方法和栽后管理与蝴蝶兰基本相同。需要注意的是对萌芽力强的品种，在成活后需要通过摘芽，控制叶芽的生长，以防止养分过多消耗。拉大昼夜温差，加强肥水管理，促使假鳞茎充实肥大，从而促使花芽分化，将来多开花。

四、非洲菊的组织培养

非洲菊（*Gerbera jamesonii* Bolus）为菊科大丁草属多年生常绿宿根草本花卉，现已成为继世界四大切花之后的第五大切花。其种子寿命很短，发芽率低（30%~40%），而且优良种子和种苗大都是从国外引进，成本相当高。加之非洲菊在国际花市上正处于迅速发展阶段，所以市场需要大量、成本较低的良种种苗，而我国正处于推广阶段，良种种苗更是供不应求。采用组织培养方法可以克服非洲菊传统的种子繁殖与分株繁殖等存在繁殖系数低、效率差、成本高、品种易退化的缺点，并能满足种苗的市场需求。

（一）组培快繁工艺流程

非洲菊组培快繁工艺流程见图 8-5。

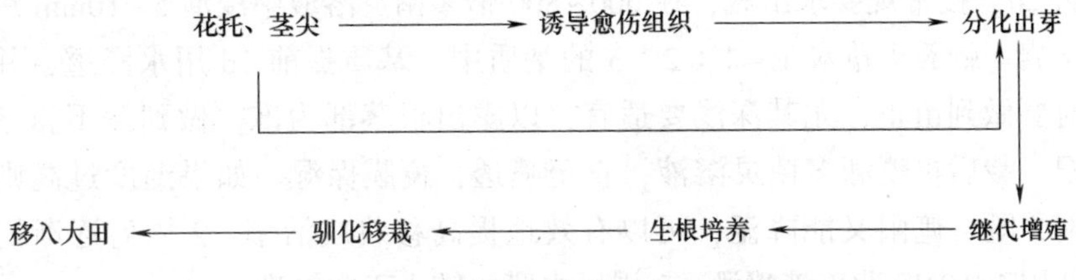

图 8-5　非洲菊组培快繁工艺流程

（二）组培快繁技术

1. 外植体选择与处理

挑选生长健壮、无病虫害的优良母株，移植于花盆中，放于培养室中预培养2周。切取0.5~1.0cm大小的花托、幼嫩未开花的茎尖作外植体，流水冲洗10min，用毛刷蘸40倍的84消毒液（医院常用消毒剂）清洗一遍，无菌水漂洗干净。在超净工作台按照70%酒精浸泡10s，无菌水漂洗2次，0.1%的氯化汞（加两滴吐温-40）浸泡8~10min，无菌水漂洗多次的顺序消毒。花托用无菌滤纸吸干水分，切去花柄、花萼和苞片，用解剖刀或镊子轻轻刮去花托上的管状花及周围的舌状花，根据花托的大小分切成2~4块，背面朝下接种于诱导培养基中。若以茎尖为外植体，则剥去茎尖外1~2层的幼叶及叶柄，将0.5~1.0mm大小的茎尖接种于培养基上。

2. 初代培养

花托接种后，7d左右在花托切块边缘开始膨大，陆续形成团状愈伤组织，有黄、白、黄绿、深绿等颜色，呈瘤状突起或光滑细腻，并向外植体中央发展，材料逐渐转绿。1个月后在有的外植体绿色瘤状突起中央开始产生不定芽或丛生芽。茎尖接种后2~3d开始转绿，5~6d开始见膨大，7~9d开始出现少许愈伤组织，2周以后慢慢出现了芽的分化。诱导培养基为MS+BA 1.0~2.0mg/L+IAA 0.1~0.2mg/L（pH5.8）。培养温度（25±2）℃，光强2000~3000lx，光照13h/d。

3. 继代培养

非洲菊属于丛生芽增殖，在芽丛近基部处横切成2cm左右高的单芽，带少许愈伤组织，接入MS+BA 0.5~1.0mg/L+IAA 0.25mg/L培养基继代培养。每3~4周继代1次。

4. 生根培养

待苗高2cm时，剪切转移到1/2MS+NAA 0.03mg/L生根培养基中，约4周后可发出2~3cm长根系。

5. 驯化移栽

将根长为0.5~1.5cm的非洲菊试管苗转移到温室中，不开口炼苗3d，再开口炼苗2d，按常规要求出瓶，在600~800倍多菌灵溶液中浸泡5~10min后浅植于珍珠岩：蛭石：草炭土=1：2：3的基质中。基质提前1d用水浸透，并注意移栽时要做到苗正，尤其深浅要适宜，以露出根茎部为准，做到深不露茎、浅不露根。栽后再喷洒多菌灵溶液，直至喷透，覆膜保湿。如果温度过高则加盖遮阳网，既可遮阳又能降温，可以有效地提高移栽成活率。2周后逐渐揭膜通风，并用1/10MS营养液喷洒，3周后去膜，转入正常管理。

五、香石竹的组织培养

香石竹（*Dianthus caryophyllus*）为石竹科石竹属多年生草本花卉。因其花朵绮丽、高雅、馨香，开花时间长，容易贮藏和保鲜，产值高和便于包装运输，故在世界各地广泛栽培，成为目前世界销售量最高的鲜切花，达到切花销售总额的40%左右。

采用组织培养技术繁殖香石竹脱毒试管苗，可有效解决扦插繁殖的繁殖系数低、病毒危害严重造成的切花质量变劣和产量降低的问题，并能较好解决香石竹的种苗来源较少的现状。

（一）脱毒与快繁工艺流程

香石竹脱毒与快繁工艺流程见图8-6。

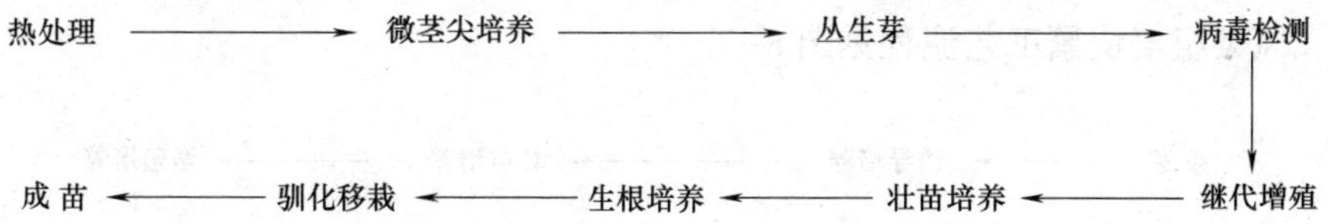

图8-6　香石竹脱毒与快繁工艺流程

（二）脱毒技术

参阅项目5。

（三）脱毒苗快繁技术

1. 继代增殖

将已脱毒的丛生芽苗切割，接种到MS+6-BA 0.2~0.5mg/L+NAA 0.1~0.3mg/L的培养基进行继代增殖，以30d为1个继代周期，增殖倍率8~10倍。培养条件为温度（21±2）℃，光照约1500lx，光照12~14h/d。

2. 壮苗生根培养

如果香石竹无根苗比较弱小，可以在MS+6-BA 0.1~0.2mg/L+NAA 0~0.2mg/L培养基上壮苗后再生根培养。生根培养基可选择1/2MS+NAA 0.1~0.5mg/L。添加活性炭对生根非常有利。多数品种转入生根培养基后，12~15d便可出瓶移栽。

3. 驯化移栽

当试管苗新根长0.5~1cm，苗高3~4cm时即可驯化移栽。自然情况下以10月中旬至翌年5月为最佳移栽期。移栽的基质要求疏松、通气和排水良好，使用前还需要进行消毒处理。移栽容器可用塑料软钵，移栽基质可选用园土：活性炭：珍珠岩为1：1：1的复合基质。香石竹脱毒苗在温室内不开瓶炼苗约1周，再开瓶炼苗2~3d，然后移栽。移栽后1周内，需要防风、保湿、遮阴，用喷雾器间歇喷水，以保持相对湿度在约90%，温度21℃左右。2周后撤膜全光照下正常养护，精心管理，补充肥水，及时防治病虫，培育壮苗。

当香石竹脱毒苗长到5~7cm高时，进行采芽扦插，每隔30~40d重复扦插1次，实现批量繁苗，以此扩繁生产用种苗。

六、凤梨的组织培养

凤梨（*Ananas comosus* Merr.）为凤梨科多年生草本植物。其花形叶貌千姿百态，观赏价值和经济效益很高，市场前景广阔。但是种苗多从国外进口，价格昂贵；分株或播种繁殖的繁殖系数又较低，速度慢，遗传性状不稳定，优良性状逐年退化、变劣，既不利于大面积生产，也远不能满足市场的需求。解决上述问题的办法就是采用组织培养技术。

（一）组培快繁工艺流程

凤梨组培快繁工艺流程见图 8-7。

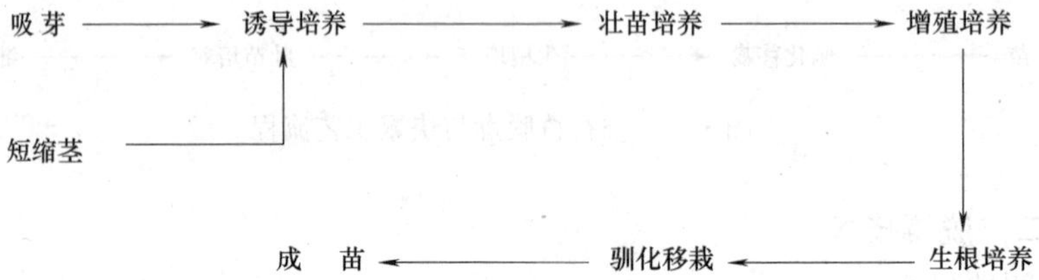

图 8-7　凤梨组培快繁工艺流程

（二）组培快繁技术

1. 外植体选择与处理

观赏凤梨组培的外植体可选用吸芽、短缩茎、侧芽或顶芽等。吸芽先用流水冲洗 1~2h，然后剥去外层叶片，留下短缩茎。在超净工作台用 75%酒精处理 30~60s，0.1%氯化汞溶液消毒 8~10min，无菌水冲洗 3~5 次。然后用解剖刀切去外缘，只保留生长点以及数个叶原基，最后将材料切成 5mm×5mm×3mm 的小块，接入启动培养基。

2. 初代培养

以 MS 培养基（pH5.8）为芽体诱导的启动培养基的培养效果较好，短缩茎切块产生的芽生长迅速且较粗壮。此外，也可以接入 MS+NAA 0~0.5mg/L+BA 0.5~2.0mg/L 培养基，其诱导效果也较好。培养条件要求光照 16h/d，光强 1300~2500lx，温度 25~30℃。当芽形成并开始生长后，转接到芽体诱导培养基。接后 15~20d，侧芽开始萌发，当培养 30d 后侧芽长至 1~2cm 时切下，转入增殖培养基中进行增殖培养。

3. 继代培养

试验结果表明，侧芽转接到增殖培养基后，芽体增殖率与激素浓度及其配比、侧芽切割方式有关。在激素浓度与配比中，BA 起主导作用，如果不加 BA，则芽体几乎不出现增殖。随着 BA 浓度的增加，增殖系数也变大，但是苗比较细弱。在 BA 中加入一定量的 NAA，如二者的配比合适，则增殖系数高，而且苗长势良好。培养基可以是 MS+NAA 0.5~2.0mg/L+BA 1.0~3.0mg/L，其中 BA 的浓度要高于 NAA 的浓度，以 MS+NAA 1.0~2.0mg/L+BA 2.0mg/L 为宜，增殖率一般可达到 200%~300%。在增殖培养时，采用物理方法损伤芽体，即用解剖刀将生长点纵向对切，在同样培养条件下芽分化数量显著提高，平均 1 个芽可增殖 3~5 个。

4. 生根培养

当苗高 2cm 以上进行生根培养。生根培养基：①1/2MS+NAA 0.5~1.0mg/L；②1/2MS+IBA 0.5~1.0mg/L。25d 后生根率都达到 95%以上。

5. 驯化移栽

生根培养 15~20d，苗高 3~4cm，叶色浓绿、根系发达时，即可将试管苗放置在室外有散射光之处炼苗 3d，再开瓶炼苗 2d，经出瓶、洗苗、消毒等环节后再移栽于盛有基质的育苗钵或育苗盘中。基质为珍珠岩、蛭石、草炭土按 1：2：1 混配而成。移栽后搭建拱棚，保温、保湿。1.5~2 个月后试管苗成活率可达 85%以上。

单元二 农作物与蔬菜的组织培养

一、马铃薯的组织培养

马铃薯是无性繁殖作物，在连年的栽培过程中，由于病毒或类病毒的侵染和积累，造成马铃薯质量退化和产量下降，解决马铃薯退化的途径以茎尖脱毒最为有效。利用马铃薯茎尖组织培养获得脱毒试管苗，脱毒试管苗的正常生长和快速繁殖，成为马铃薯原种生产的基础环节。保证试管苗在相对短的时间内得到较高的繁殖倍数，以生产大量的、高品质的脱毒马铃薯微型薯，对马铃薯生产具有重大意义。

（一）茎尖脱毒

1. 茎尖外植体的选取

大田脱毒材料的筛选与催芽选择适合当地栽培生产的品种进行脱毒。所选植株生长健壮，能表现本品种的典型特性。将选取的薯块种植在温室里进行催芽。栽后 20d、苗高 2~3cm 时取材。

微型薯催芽：购买适合当地栽培的脱毒微型薯进行茎尖脱毒是一种简便有效的方法。在温室里将大木箱装入蛭石作栽培基质。微型薯按 5cm×5cm 规格种植（密植栽培长出的茎较细，有利于茎尖剥离），苗高 3~5cm 时，用手术刀片切取茎尖。

2. 茎尖的表面消毒

切取的茎尖用自来水流水冲洗 20~30min 或者用无菌水冲洗 10min，用纱布或滤纸吸干。无菌条件下用 70%酒精浸润 15~20s，再用 2%次氯酸钠灭菌 4min，无菌水冲洗 3 次。用 20 倍的解剖镜进行茎尖剥离。茎尖大小为 0.2~0.3mm，带 1~2 叶原基。茎尖剥离时，操作速度要快，以防茎尖干燥死亡。

3. 茎尖的培养

剥离的茎尖迅速接种到预先配制的 MS+GA_3 0.2mg/L+NAA 0.1mg/L+BA 0.5mg/L，附加 2%蔗糖、4~6g 琼脂、pH 5.8 的培养基中，每个培养瓶放置一个茎尖，并做好编号和记录。培养条件为 18~25℃，光照 12h/d，光照强度为 2000~3000lx。茎尖接种后 2~3 周出现愈伤组织，4~5 周后出现绿色芽点。继续培养 3~6 个月，愈伤组织会分化长成 2~3cm 高的小芽。

4. 病毒检测

对 1 个月后分化出芽的进行继代培养，把一个茎尖的所有继代材料编为一个序列号。当小苗增加到 10~20 株时，及时进行病毒检测。常用 ELISH 法进行病毒检测，检测发现病毒的及时扔掉，未检测出病毒者，进行快速繁殖。试管苗每年应检测 4 次，一般每 3 个月检测 1 次。

（二）无毒苗的快速繁殖

将经过检测得到的脱毒苗接种在 MS+10mg/L D-泛酸钙+0.1mg/L NAA 并附 3%市售白砂糖、4~6g 琼脂、pH 5.8 的培养基中进行快速繁殖。培养温度 20~25℃，光照 14~16h/d，光照强度为 3000~4000lx。用枪状镊子和弯头剪刀作接种工具，剪切时基部留 1 或 2 叶（1~2cm 长），上部按每叶 1 段（长约 1cm）分切成数段，放入培养基即可，每 3 周继代 1 次。

微型薯生产如下：

（1）温室（网室）和移栽苗床的准备　挑选干净、没有蚜虫的温室或网室，将室内杂草、废物清除干净。温室的棚顶、墙壁和地面用 1%甲醛消毒。门窗和通风口要安装 60 目的防虫纱，防止蚜虫进入。入口处有缓冲间，进出随手关门，防止虫源侵入。工作人员操作时要穿工作服，工作前手和使用工具要洗净消毒。用底部有孔、高度为 15~20cm、长度为 40~60cm 的周转筐，平铺 6cm 厚的干净蛭石。用 3%撒可富或其他 N、P、K 齐全的三元复合肥稀释 1 倍液喷洒蛭石，潮湿即可。

（2）驯化移栽　当马铃薯脱毒苗增殖到一定数量后，即可进行移栽。先将脱毒瓶苗转移到温室或网室中，无需打开瓶口，练苗 3~7d，室温 20~25℃，可适当遮阴。移栽时先向培养瓶倒入清水，摇动，倒入清水盆中，小心洗掉附着的培养基。浸入 300mg/kg 的 IBA 或 20~25mg/kg 的 ABT 生根粉中 10min。按 3cm×5cm 株行距栽植于基质中，栽后浇透水，覆膜。

（3）假植（扦插）　在马铃薯试管苗移栽 20d 左右时，可以进行 1~2 次假植（扦插），能迅速扩大繁殖数量。用干净剪刀剪取带 2~3 叶、1~2cm 长的茎尖，置于上述生根液中浸 10min。用镊子插入基质中，覆膜保湿。1 周后即可生根成活，此法不影响移栽苗的正常生长。

（4）苗期管理　移栽 1 周后，揭掉薄膜并喷营养液。常用 3%撒可富或其他复合肥。喷肥后紧接着喷清水，冲去叶片上的肥料，每周 2 次。每周喷 1 次 0.5%硫酸铜，既防病又可作为叶面追肥。中后期喷防治马铃薯早疫、晚疫病的药 2~3 次。发现蚜虫或温室外面有蚜虫应立即喷杀虫药物，防止传毒。

（5）薯块膨大期的管理　试管苗移栽 30~40d，苗高 6~8cm 时，应间隔 3~4 周培蛭石 2 次，厚度为 1~2cm，防止绿薯产生。这一时期要保证光线充足，中午可适当遮阴。移栽 40d 左右，正是薯块膨大期，注意控制温度，白天 25℃，夜晚 15~18℃。可追施 0.1%~0.3%的磷酸二氢钾 2~3 次，也可喷 2 次马铃薯专用膨大素。薯块膨大期蛭石湿度不要过高，以用手捏蛭石成片但挤不出水滴为宜。当叶子发黄时，薯块直径超过 1cm 以上，减少浇水，适当保持干燥，叶子萎蔫时才喷一点水，直至茎叶开始变干，停止喷水，等待收获。

（6）收获　当移栽苗生长 70d 以后，微型薯长到 3g 以上时，即可开始收获。

二、番茄组织培养

番茄是一种重要的世界性蔬菜，具有很高的经济价值和科学价值。番茄的组织培养在番茄杂种优势固定、优良品种快速繁殖、突变体保存利用及转基因等生物技术领域的研究中，发挥了重要作用。建立高效的组织培养体系是进行相关研究的基础。

1. 无菌苗培养

将番茄种子用洗衣粉水浸泡 30min，冲洗干净后，于超净工作台上用 75%酒精浸泡 30s，之后用 10%的 NaClO 溶液消毒 30min，并滴加吐温-20（浓度 100%）2 滴；消毒后用无菌水冲洗 3~5 次，接种到 1/2MS+蔗糖 10g/L+卡拉胶 7.5g/L（pH5.8~6.0）的固体培养基上，置于 28℃的恒温箱中进行暗培养。种子发芽后在组织培养室进行光照培养。组织培养室光照（1500~2000lx）16h/d，温度(25±2)℃。

2. 不定芽的诱导

待子叶平展后，切取健壮无菌苗的子叶和胚轴作外植体进行分化培养。子叶去叶尖，正面向上接于培养基中；胚轴切段 1cm 左右，平铺。分化培养基为：MS+蔗糖 30g/L+卡拉胶 7.5g/L（pH5.8~6.0），并附加 6-BA 1mg/L，IAA 0.2mg/L。接种后置于组织培养室中进行分化培养，20d 继代 1 次。

3. 不定芽伸长培养

将分化的芽丛分割转移至伸长培养基中。培养基为：MS+蔗糖 30g/L+卡拉胶 7.5g/L+6-BA 1mg/L+IAA 0.2mg/L（pH5.8~6.0），附加 $GA_3$2mg/L。培养条件同无菌苗培养，14d 继代 1 次。

4. 试管苗的生根及移栽

不定芽伸长至 2~3cm 时自基部切下，移至生根培养基上。培养基为：MS+蔗糖 10~30g/L+卡拉胶 7.5g/L（pH5.8~6.0），分别附加 IAA（或 NAA）0.1mg/L。培养条件同上。试管苗根长至 5cm 以上时，即可开瓶炼苗。炼苗 2~3d 后，将番茄试管苗移栽到栽培基质中，并进行正常的栽培管理。

三、大白菜的组织培养

大白菜是我国原产蔬菜之一，在蔬菜的周年供应中占有重要地位。随着生物技术的发展，利用基因工程技术改良大白菜品种已成为当前的研究热点之一。作为植物转基因工作的基础，大白菜再生体系的建立至关重要，它是遗传转化成功的前提和保障。与其他芸薹属作物相比，大白菜携带 AA 基因组，是最难脱分化和不易再生的种类之一。近年来，国内外学者在大白菜组织培养方面取得了较大进展，已由大白菜真叶、子叶、下胚轴、花药及小孢子等外植体得到了再生植株。虽然一些研究已经获得了较高再生频率，但由于基因型种类、外植体类型、激素组合存在差异，对于特定的材料尚需进行再生体系的优化，从而为大白菜的遗传转化研究奠定基础。

1. 无菌苗的培养

挑选饱满一致的种子，用 75%酒精消毒 30s，0.1%氯化汞溶液消毒 10min，无菌水冲洗 4 次，然后将种子接种于 1/2MS 培养基中，每瓶接 30 粒。材料先在暗处培养 2d，待出芽后移入光照下进行培养。光照时间为 10h/d，光照强度 1600~2000lx，培养温度 25℃。

2. 无菌苗外植体的接种与分化培养

选取发芽 3~5d 生长整齐、健壮的无菌苗，分别切取带柄子叶和下胚轴，均正向插入分化培养基中。分化培养基为 MS+3%蔗糖+0.7%琼脂+6~BA 1mg/L+NAA 0.5mg/L，pH 为 5.8~6.0，每瓶接种 10 个外植体。在培养期间，先在暗处培养 5d，再移入光照下进行培养。光照时间为 14h/d，光照强度 1600~2000lx，培养温度 25℃。

3. 再生植株的继代与生根

待分化的不定芽长至 1.5~2.5cm 时，自芽基部切下，接种于继代培养基中，促进芽的继续分化。待分化的不定芽生长健壮后自芽基部切下，分别接种于 1/2MS 添加 NAA1.0mg/L 的生根培养基上诱导生根。

四、生姜的组织培养

姜，别名生姜，为姜科姜属多年生草本植物。生姜供食用的部分为其根状茎，不仅富含多种营养成分而且用途广泛，在国内外市场上均有很大的开发价值。由于生姜无性繁殖，致使姜体内积累多种病毒、病菌，导致生姜种质退化、产量降低，严重制约了生姜的生产和发展。随着国内外对生姜产品需求标准的提高及植物组织培养技术的不断发展，20多年来国内外利用组织培养技术进行生姜的研究也逐渐增多，利用茎尖培养进行了生姜脱毒及离体快繁，能使姜的增产幅度达到30%以上，而且脱毒苗生长快、长势旺、抗性强，生产出的姜外观色泽好。通过组织培养技术进行生姜的脱毒苗繁育，对改善生姜的产量和品质、提高经济效益具有意义。

1. 材料

材料选择当地主栽品种。在生姜发芽期鳞片发生阶段芽长3~5cm时，取细嫩芽尖为外植体进行组织培养。材料用自来水冲洗20~30min，晾干5~6h，用75%酒精擦拭生姜的表皮，切取1cm左右长的茎尖经0.1% $HgC1_2$ 消毒10~12min，无菌水冲洗3~4次，再切取0.05~0.1cm的茎尖接到培养基上诱导芽分化。

2. 培养基

以MS为基本培养基，附加不同浓度激素作为芽分化培养基和幼芽增殖培养基。L-8号培养基激素配比依次为：BA 3.0mg/L+NAA 0.1mg/L，另加琼脂7g/L、白砂糖30g/L，pH5.8~6.0。培养室温度为25℃，光照强度2000~3000lx，每天光照16h。接种一个月后继代一次，生姜茎尖在培养基上培养30~35d后，部分不断膨大和伸长形成新芽。继代培养两个月后，将从芽分割，再转接到相同的新鲜培养基中。30~60d后即可成4.5~5.5cm大小的带根试管苗。

3. 培养条件与移栽

接种后，材料放在1000lx光照强度下培养，温度25~28℃，湿度70%~80%。幼苗移栽基质为园地熟土：有机农家肥=2：1。十当年10月初将生姜营养杯苗移栽到大田种植，采取大田姜种植特殊管理方法进行栽培管理。

4. 幼苗移栽

生姜幼苗在瓶内生根后，在自然光照和温度28~30℃的条件下炼苗25d左右，当苗高7~10cm、有4~5条白色长根时，从瓶内取出洗净培养基，然后移栽至大棚盛有熟土+腐熟有机肥（2：1）的营养杯种植。此时棚内温度保持在25~30℃，相对湿度80%，棚顶覆盖遮阳网。2周后移栽幼苗基本成活，有的植株基部有小芽长出，1个月后，植株高达10~15cm，揭开棚顶遮阳网炼苗1周，然后直接进行大田定植。

五、无籽西瓜的组织培养

无籽西瓜是由普通二倍体西瓜和四倍体西瓜杂交而成的杂种一代，即三倍体无籽西瓜。无籽西瓜含糖量高，品质高，商品价值高，且方便消费者食用；此外三倍体无籽西瓜是杂交多倍体，具有杂交优势，同时具有多倍体优势，尤其在抗性水平上，其抗病耐湿性能大大优于有籽西瓜，在西瓜市场上占有极其显著的优势和地位，因而较有籽西瓜而言，更受到广大瓜农的欢迎。但是，无籽西瓜普遍存在“三低”问题（制种量低，发芽率低，成苗率低），制约了无籽西瓜的进一步发展。近年来，随着植物生物技术，尤其是植物组织培养技术的发展，可以将得到的少量优良三倍体植株进行快速扩繁，大大简化了原来烦琐的制种程序，从而降低了生产成本，取得了预期的经济效益和社会效益。

1. 无菌苗的建立

取无籽西瓜的种子，先用水浸泡24h，再用70%酒精消毒1~2min，用0.1%氯化汞溶液消毒15~20min，再用无菌水冲洗数次，用无菌滤纸吸干种子表面水分，剥去种壳，播种在1/2MS固体培养基中，置于培养室中进行催芽，培养温度30℃。

2. 不定芽的增殖

等到种子长出胚根和子叶后，切去长约1cm的顶芽接种在附加激素的MS培养基中，蔗糖3%，pH6.4，光照12h/d，光照强度2000~3000lx的条件下培养约3周，顶芽及其周围的腋芽增殖形成一个芽丛。将芽丛分割增殖，3~4周后又可形成新的芽丛。侧芽增殖系数与激素的种类和浓度有关，附加BA 0.25~0.5mg/L，培养3~4周后可形成5~10个芽的芽丛，数量再高则易形成叶丛，茎不伸长；附加2-IP 1.0mg/L，可形成3~8个芽的芽丛，数量过高、过低都影响芽的分化；附加KT 2.0mg/L，只能形成2~3个芽的芽丛，数量降低则不能形成丛生芽，而提高数量虽然能增加芽的数量，但效果并不比低浓度的BA好。生长素IAA与细胞分裂素BA配合使用有助于芽的生长和增殖，当附加BA 0.25~0.5mg/L和IAA 1.0mg/L时，芽的分化数量多，发育正常且稳定。

3. 试管苗的嫁接与移栽

西瓜根系抗病能力较弱，容易感染枯萎病和炭疽病，严重时全部死亡；而且无籽西瓜试管苗生根效果差，根数少，移栽成活率低，因此多采用试管苗嫁接的方法。影响嫁接成活的主要因素是接穗的质量，一般长度在2cm以上的健壮芽作接穗成活率高，长度不足1cm的细嫩芽苗嫁接不易成活。因此，试管苗在嫁接前需要进行伸长培养。试验表明，培养基中添加BA 1~2mg/L或培养基中不加细胞分裂素，均可有效地促进芽苗的伸长，可改善接穗的质量，提高嫁接的成活率。嫁接成活后，当植株长出5~8片真叶时，即可移到室外炼苗，7d

后定植田间。

六、紫背天葵的组织培养

紫背天葵是菊科三七草属草本植物，原产我国，全国各地均有少量栽培。其嫩梢和幼叶可供食用，多用于凉拌或炒食，脆嫩可口，风味特殊，且富含钙、铁、锌等矿物质，具有清热、解毒、健胃、消暑的药用价值，是儿童和老年人的保健蔬菜。紫背天葵中还含有黄酮苷成分，对恶性生长细胞有中度抵御和减少血管紫癜的作用，因此加快紫背天葵的开发应用很有必要。紫背天葵的组织培养具有取材易、生长速度快、污染率低、繁殖系数高的优点，可以在短时间内为生产提供大量的无菌栽培苗。

1. 无菌材料的获得

将带顶芽或腋芽的茎段剪去叶片，经流水冲洗15min，在超净工作台上用75%的酒精消毒30s，再用0.1% $HgCl_2$ 溶液浸泡5min，用无菌水冲洗3~4次。切取0.5~0.8cm长的带腋芽茎段接种到MS+6-BA 1.5mg/L+NAA 0.1mg/L培养基上，培养基中含蔗糖30g/L、0.75%琼脂，pH 5.8。培养温度为23~27℃，光照强度1200~1400lx，光照14h/d（以下培养基同）。培养7d左右腋芽开始萌动，20d后长成高5~6cm嫩梢，叶片粗壮，叶厚色绿。

2. 不定芽的增殖与快繁

将获得的无菌苗剪成1~1.5cm长的茎段接种到增殖培养基中：MS+6-BA 3.0mg/L+NAA 0.1mg/L+GA 1.0mg/L，20d后长出大量丛生芽，且表现出生长健壮旺盛，增殖系数达25。

3. 生根与移栽

将增殖产生的丛芽切割成2~3cm长的芽苗接种在1/2 MS+NAA 0.5mg/L的生根培养基上，7d左右陆续长出根，20d左右芽的基部生出5~8条长约2cm白色的根，呈辐射状，生根率可达100%，平均单株根数8条左右，且主根与须根分明，主根粗壮。将生根后的小植株打开瓶盖放置于室外炼苗2~3d，洗去根部琼脂，移入装有有机土的穴盘中并浇透水，放在阴凉处。10d后将苗移入土壤，浇透水，盖上塑料薄膜，放在遮阳棚中保温、保湿培养5d，再炼苗3d后揭膜，成活率达90%以上。

七、甘薯的组织培养

甘薯是我国四大主要粮食作物之一，也是饲料和轻工业的重要原料。随着我国生产的发展和人们食物结构的改变，甘薯作为集能源、食品加工、保健和药用、出口创汇等功能于一身的经济作物，越来越受到人们的关注。甘薯是一种杂种优势作物，但采用营养繁殖常会导致甘薯病毒病传播蔓延致使产量和质量下降。甘薯病毒病已成为我国甘薯生产的最大障碍之一。通过甘薯组织培养和脱毒技术，可以实现甘薯脱毒试管苗的商业化生产，对提高经济效益和社会效益具有十分重要的意义。

1. 材料选择与消毒

（1）材料选择　取自大田株的顶芽，在生长季节进行，取材方便，并能得到大量的芽，缺点是不易消毒。

室内萌发的芽，将品种性状典型的植株所结薯块经过一定时间的贮藏，播于室（阳畦）内土床或沙床中萌发，还未充分展叶时就应剪取 2~3cm 的壮芽。

（2）消毒　剥去芽上多余叶片，放在自来水下冲洗 1h 左右，即用无菌水施行严格消毒。消毒先用 75%酒精浸 5~15s，再在 5%次氯酸钠溶液中浸泡 10~20min，取出用无菌水冲洗 3 次后可剥取茎尖。

2. 茎尖剥离和接种

在无菌室内，把消毒好的芽放在解剖镜下，用解剖针剥去幼叶直至露出圆滑生长点，再用解剖刀切取 0.2~0.3mm、带 1~2 个叶原基的茎尖，然后放入瓶中进行培养。所用器具都要浸泡于 70%酒精中，使用前在酒精灯上烤干，注意不使针刀太烫，以免伤害组织，解剖镜台应垫载玻片，每剥离一个茎尖都应以消毒棉球擦拭，手也应经常以酒精擦拭。

3. 茎尖培养与扩繁

甘薯茎尖培养，一般均采用 MS 培养基的基本配方，关键是在添加上做不同的调整。如可用 MS+BA 0.05mg/L+NAA 0.05~0.1mg/L。培养条件为 25℃，光照 16h/d，光照强度 1500~3000lx，约 15d 生长点变绿，30d 后可转到无调节剂的培养基上并逐渐长成新的小苗，再经 40~50d 可以长成小苗，小苗有 4~5 片叶时就可以切段扩繁。

4. 移栽

将培养瓶移入温室、塑料大棚内，揭开瓶塞，自然光炼苗 3d。然后移入消毒营养土中育苗。营养土（基质）可用泥炭及其混合物（泥炭和沙 1∶1），也可以用蛭石、砂和园土 1∶1∶1 混合，pH6.0 左右。试管苗植入苗床后要盖上塑料薄膜保湿 1~2 周，生长温度 15~30℃，土壤湿度 35%~60%，空气湿度 80%左右，一般要求长日照，较强光照。试管苗经一个月左右的苗床锻炼后即可移入种苗圃或定植大田。大面积推广前要对试管苗进行病毒鉴定。

5. 脱毒苗检验

虽然病毒在分生组织中几乎不存在，但在实际切取时，茎尖往往过大，还带有 1~2 个叶原基。因此，移栽成活的植株必须经过鉴定才能确定脱除病毒的种类。主要利用指示植物和抗血清鉴定，确定为无毒苗后才能用于繁殖。

6. 种薯繁殖

经鉴定不带毒或不带主要病毒的植株，应在无毒条件（土壤消毒、防虫网室隔离等）下进行初繁，为提高繁殖率，小苗可在采取综合防毒措施的大田条件下移栽，也可继续做切段繁殖。

八、甘蔗的组织培养

甘蔗是禾本科甘蔗属植物，是世界上重要的糖料作物，也是中国蔗糖工业的重要支柱。在甘蔗栽培上，通常是以蔗茎节上的腋芽繁殖，或在每年砍伐后，利用残留在土中的茎基上的腋芽做宿根繁殖。茎段繁殖速度慢，用种量大，而且种茎在远途运输中颇为不便，每年秋植蔗种来源难以解决，这对快速繁殖良种甘蔗以满足甘蔗生产的需要极为不利。因此，采用组织培养的方法，规模化生产遗传性状整齐一致的种苗供生产上应用。现将甘蔗组培快繁技术介绍如下。

1. 材料处理

将所取外植体腋芽（带少量茎节组织）、茎尖（带部分新叶包裹）用洗衣粉水洗净，清水冲洗半小时，在消过毒的接种间超净工作台上用75%酒精浸泡30s，再用0.1%$HgCl_2$液处理15min，用无菌蒸馏水冲洗4~5次后待接种。

诱导腋芽增殖培养基：MS+BA 5mg/L+活性炭0.5g/L+20g/L蔗糖；MS+BA 10mg/L+活性炭0.5g/L+2%蔗糖。

2. 腋芽增殖与生根

将处理好的材料接入诱导外植体培养基中进行培养，诱导外植体培养基：MS+BA 1mg/L+活性炭1g/L+2%蔗糖+琼脂8g/L。光照时间10~12h/d，光照强度（自然散射或荧光灯照明）1500~2000lx，培养温度25~30℃。培养3~5d后，若培养基出现浑浊，说明已污染，应立即清除。培养10~15d，芽转绿，将边缘褐色部分剥除转入同样培养基中培养，芽长到2~3cm时，转入MS+BA 5mg/L+活性炭0.5g/L+20g/L蔗糖；MS+BA 10mg/L+活性炭0.5g/L+2%蔗糖的诱导腋芽增殖培养基中。如此重复进行，直到所需数量后转入1/2MS+NAA 2mg/L+IBA 0.4mg/L+多效唑2mg/L诱导生根培养基中进行生根培养，根长至3~5cm后进入炼苗阶段。

3. 组培苗苗圃管理

甘蔗组培苗很幼小，与栽培上的腋芽苗有很大差距，其组织结构幼嫩，抗逆能力差，因此甘蔗组培苗的栽培是一项技术难度较高的工作。为提高组培苗的成活率应注意以下几点：

（1）炼苗　炼苗措施有两种：一是在诱导生根过程中加入浓度为2.5g/L的MET，使根粗苗壮；二是在移栽前进行常温炼苗。将幼苗不开口移到自然光照下锻炼2~3d，让幼苗接受强光的照射，然后再开口炼苗1~2d后进行移栽。

（2）一级苗圃管理　当培养瓶内组培苗长至8~12cm，根系生长较旺盛的时候便可移栽。从试管中取出生根的幼苗，用自来水洗掉根部粘着的培养基，并用0.3%的多菌灵溶液进行灭菌。但要轻轻除去，应避免造成伤根。

栽培土质以疏松的沙壤土为好，泥块打碎，去除杂草，整成高7~10cm、宽约1m的畦。畦面铺一层2cm的细砂。假植时按15cm×5cm的株行距栽植，每丛4~6株苗，不宜过多，种植后立即浇足定根水。早春移栽时应搭建小拱棚，以保证苗圃内有较高的温湿度。同时上方搭遮阴棚防止太阳直晒，尤其是夏秋季更要避免烈日暴晒。每3~5d喷施一次0.3%的敌克松杀菌剂以防小苗霉烂。5~6d后新的根系开始长出，叶片稍为展开，便可施0.1%的尿素和磷酸二氢钾混合液，促进小苗生长，每3~4d喷施一次。待小苗基本适应外界环境后（7~10d），便可逐渐揭去覆盖物，降低遮阴度。假植1个月左右，苗高15cm时可分单株。

（3）二级苗圃管理　苗被分成单株后，便可移栽至二级苗圃。对二级苗圃的要求与一级苗圃基本相同，但不需要覆盖塑质薄膜。在苗移栽早期需进行适当遮阴，返青后可去掉遮阴棚。每4d喷施一次0.3%复合肥。在二级苗圃上种植1个月左右，长成有主茎和1~2个分蘖苗组成的双叉或三叉的壮苗时便可定植。由上述方法培育的壮苗很适于长途运输，定植于大田成活率仍可达90%以上。

单元三 水果作物的组织培养

一、草莓的组织培养

草莓又叫红莓、洋莓、地莓等，是一种红色的水果。草莓属于蔷薇科草莓属植物，为多年生草本。草莓的外观呈心形，鲜美红嫩，果肉多汁，含有特殊的浓郁水果芳香。草莓营养价值高，含丰富维生素C，有帮助消化的功效。与此同时，草莓还可以巩固齿龈，清新口气，润泽喉部。

1. 培养程序和培养基

在每年的5~6月于晴天的下午在健壮、无病的草莓刚抽出的匍匐茎上取茎尖，大小为0.3~0.4mm，作为组织培养的外植体。

用于草莓茎尖培养诱导芽分化的基本培养基为MS，附加6-BA 0.5mg/L，NAA 0.2mg/L，蔗糖30g/L，琼脂粉6.5g/L，pH调至5.8~6.0。

在草莓茎尖的扩大繁殖阶段，采用MS培养基附加6-BA 0.5mg/L、NAA 0.01mg/L。扩大繁殖主要是将丛生苗分块，即每5~7株切成一块，转入继代培养基。在转苗过程中，去掉原生叶片有利于新苗分化，在扩大繁殖中随时清除愈伤组织，有利于新苗增殖和生长。

诱导生根培养基用 1/2MS 附加不同浓度 IBA。试验表明：以 IBA 0.1mg/L 的浓度处理的生根率最高，为100%，平均根条数为2~4 条。不加IBA 及IBA 浓度超过 0.2mg/L，多数苗都是先于苗基切口处产生愈伤组织，随后在愈伤组织上分化生根，致使成活率大大降低。

2. 操作技术要点及培养条件

（1）灭菌与接种

①预处理：为了灭菌彻底，常把接种材料先进行湿润处理，使灭菌剂能顺利地渗入材料。可用多种湿润剂，采用的是 75%的酒精，湿润的时间为 0.5~1min。

②灭菌处理：在草莓组织培养中常用灭菌剂的种类很多，比如次氯酸钠 2%水溶液，浸泡接种材料 10~15min；次氯酸钙（漂白粉），用其饱和上清液浸泡接种材料 15~30min；过氧化氢 10~12%水溶液浸泡 10~20min；新洁尔灭 5~10%水溶液浸泡 10~15min；氯化汞 0.1%水溶液浸泡 8~10min。其中前 4 种灭菌剂对接种材料比较安全，但因灭菌时间较长，常常使接种材料的外层氧化变褐，以致影响培养效果。氯化汞有很强的杀菌能力，但浸泡时间稍长会造成接种材料中毒。因此，在草莓组织培养中，如把握好时间，氯化汞是应用较多的灭菌剂。灭菌后的接种材料要用无菌水充分清洗，通常要换水 4~5 次。

③接种：以培养无毒苗为主要目的的草莓组织培养，所接种的茎尖材料很小，在接种时首先要求准确熟练地剥取茎尖生长点，并使用固体培养基比较适宜，接种时应注意不能将整个茎尖埋入培养基中。

从材料接种到生根苗长成，这期间的培养温度一般应稳定在（25±2）℃。每日光照 12h，光照强度 2000lx 为宜。培养室温度在 18~26℃范围内，瓶苗可以正常生长及生根，但在 28℃以上时，绿苗普遍变黄，生根率降低，根尖发黄老化，幼苗易产生玻璃化现象。

（2）组培苗的移栽技术　试管苗的苗龄为 15d，主根长 1.5cm 左右，白色无须根，移栽成活率可达 90%~100%。

移栽前要将培养瓶从培养室中取出置于自然条件下，打开瓶盖进行透气锻炼。24h 后，从瓶中取出幼苗，清除干净根部及根茎处的培养基，栽入苗圃或穴盘中。

基质可采用经过灭菌处理的腐熟的锯木屑或腐叶土，也可采用经过灭菌处理的由蛭石与珍珠岩按体积计以 1∶1 比例配成的混合物，或园土与煤渣按体积计以 2∶1 比例配制成的混合物。

（3）提高移栽成活率的关键　选择不定根直接生根，根多且粗壮，叶片在 3 片以上，叶大、厚、深绿的生根苗，成活率普遍较高。

栽培基质要用清水冲洗干净，或用多菌灵或甲基托布津掺拌灭菌。用煤渣作基质时，还要用0.2%冰乙酸中和使碱性降低。

移栽时采取“深栽浅埋”。深栽就是在移栽时根要栽得深，浅埋的标准是使小苗的根颈与土表平齐，或略高于土表。

注意控制光照与温度、湿度。小苗移栽后，放在温室内或塑料拱棚内培养，温度控制在15~20℃，湿度维持在80%左右为宜。同时由于刚移栽的小苗茎秆脆嫩，应尽量采用喷雾状浇水，水量也不宜过大，落干后再喷。遮光50%，一周后，可逐渐增强日光照射。

二、树莓的组织培养

树莓又称覆盆子（*Rubus idaeus*），是一种蔷薇科悬钩子属的木本植物，果实味道酸甜，有补肾壮阳的作用。树莓是近年来世界上发展最为迅速的、集营养与保健于一身的第三代新兴水果。由于现有树莓繁苗方式落后，所采用的扦插、根蘖、压条等传统繁殖方法繁殖系数低、速度慢，致使苗木供应不足，成为目前发展树莓生产的主要限制因素，而利用组织培养技术可以解决这类难题。

1. 材料

早春腋芽萌动前，取枝条于室内水培，腋芽刚萌动时剥取茎尖。

2. 灭菌方法

取健壮树莓植株，将枝条除去叶片，在自来水下用细软毛刷轻刷表面，并吸干表面水分，剪成2~3cm长带芽的茎段。按以下程序进行灭菌处理：将材料放入高温灭菌过的烧杯中，加入70%的酒精，浸泡5~7s，倒出酒精，用无菌水冲洗2遍，用0.1%的$HgCl_2$消毒8~10min，再用无菌水冲洗5遍，每次2min。切去材料受伤面，将带芽茎段切成长度为0.5~1.0cm的单芽小段，或剥除芽鳞，切取长度5~7mm的茎尖，接种培养。

3. 起始培养

取消毒过的外植体茎尖和带芽茎段，分别接到起始培养基上。培养基为：MS+BA 1.0mg/L，另加蔗糖30g/L、琼脂5.5g/L，pH 5.6~5.8。培养温度(25±2)℃，光照强度1500~2000lx，光周期12~14h/d。

4. 增殖培养

当外植体萌发分化成芽丛后，将丛生芽分成单株，转接到MS附加不同激素浓度的继代培养基上进行增殖培养。增殖培养基为MS+BA 1.0mg/L+NAA 0.2mg/L。

5. 生根培养及炼苗

选取生长健壮的单个丛生芽接种于1/2MS+IBA 1.0mg/L，2%蔗糖培养基上。根长至0.5~1cm时，把试管瓶移到室温条件下进行炼苗，一段时间后进行移栽。

移栽前5天左右，在室内将封口膜打开1/3左右，使幼苗与空气有一定接触。2d后，移到驯化温室内，使幼苗完全暴露在空气中，要适当遮阴，避免高温和强光直接照射，3d后即可移栽。移栽时将幼苗取出，小心洗去根部的培养基，去掉老叶，放入铺有湿报纸的盒子里，要注意保湿。栽培基质为消毒后的黄沙，用镊子划痕后，夹住幼苗根部，插入至第一轮叶，用手小心压紧，栽后薄膜覆盖，保持温度在21~25℃，控制好水分和温度，移栽成活率可达80%以上。

三、无花果的组织培养

无花果属于桑科榕属，落叶灌木或乔木，高达12m，有乳汁。果实皮薄无核，肉质松软，风味甘甜，具有很高的营养价值和药用价值。无花果扦插繁殖成活率不高，用带腋芽的茎段培养成完整植株，可能为大量繁殖提供新途径。

1. 材料

将采来的健壮嫩茎仔细削去较大叶片，留下带腋芽的茎段，切成3~4cm长的小段。

2. 灭菌

用流水冲洗带腋芽的茎段3h，以清除表面污染物。然后放入75%酒精中浸几秒钟，再用0.1%氯化汞消毒7~10min，最后用无菌水冲洗4~5次，

3. 培养

在无菌条件下将茎段横切成长约1cm，按原生长的方向接种到MS+BA 0.5~1.0mg/L长芽培养基中，每管一节。8d后外植体接触培养基的一端切口周围长出嫩绿色、质地紧密的愈伤组织，同时腋芽开始展开，愈伤组织和腋芽的诱导率均为100%。待外植体愈伤组织膨大增生时，在无菌条件下取出外植体，纵切成小块，将其中带有展开的芽和部分愈伤组织的小块外植体植入丛生芽增殖培养基MS+BA 1~2mg/L+NAA 0.1~0.2mg/L。随后愈伤组织继续扩大，腋芽萌生成绿色簇生状，每个腋芽上可生出15~28个芽丛，逐渐长成苗丛。当一部分芽长高至2~3cm时，切取单苗转移到生根培养基MS+NAA 0.2mg/L上，11d左右开始生根（观察发现，有茎尖的单苗生根快，不带茎尖的苗段生根慢）。20d左右长成具有根系的完整植株，这时可取出移栽，成活率达98%。培养温度23~31℃，光照12~14h/d，光照强度1700~2400lx。

若要继代培养，只需将小苗剪下，用茎尖或带腋芽的茎段接种到丛生芽增殖培养基上，即可得到以上同样结果。

四、葡萄的组织培养

葡萄属于葡萄科葡萄属，落叶藤本，浆果多为圆形或椭圆形，果实含糖量

达 10%~30%，并含有多种微量元素，又有治疗神经衰弱及过度疲劳的功效。

1. 葡萄嫩梢采集与消毒

将大树或扦插苗长出的5~7片叶的嫩梢，取5~10mm长，去掉幼叶。用自来水冲洗3~5min，在70%酒精中浸泡30~40s，用蒸馏水冲洗2~3次，再放入0.5%氯化汞溶液中消毒7~10min，最后用无菌水冲洗5~6次后备用。

2. 培养基制作

（1）茎尖培养

配方1：1/2MS+6-BA 0.5~1mg/L+NAA 0.01mg/L+水解乳蛋白 100mg/L+蔗糖2%+琼脂0.6%，pH 5.8。山东酿酒葡萄研究所用此方对白羽、红香蕉、雷司令等品种茎尖培养成活率达83.5%以上。

配方2：1/2MS+GA 0.1mg/L+IAA 0.5mg/L+6-BA 1.0mg/L+KT 0.5mg/L+硫酸腺嘌呤 4mg/L+琼脂0.6%+蔗糖0.2%。

（2）茎叶分化培养

配方1：1/2MS+GA 1mg/L+IAA 0.5mg/L+6-BA 1mg/L+蔗糖 2%+琼脂0.6%，pH6.0。辽宁省农业科学院植保所对贝达、红富士、黑奥林、巨峰品种接种成活率达90%以上。

配方2：用B5大量元素+MS培养基+IAA 0.01~0.1mg/L+6-BA0.02~0.5mg/L+腺嘌呤 2mg/L或水解乳蛋白 1000mg/L+蔗糖 2%~3%+琼脂 0.7%，pH5.8~6.2。河南省园艺所用此配方对京早晶品种接种，成活效果较好。

（3）幼根分化培养

配方1：用B_5大量元素+MS培养基+蔗糖4%+IAA 1mg/L+6-BA 0.08mg/L+琼脂7%，pH6。辽宁省农业科学院植保所用此配方对红富士、黑奥林、巨峰等品种茎尖培养的单芽段，插入灭菌后的三角瓶培养基中，芽痕高于培养基面3.5mm，每瓶插入1~3个茎段，插后在黑暗中培养48h；再转入间歇光照（两支40W日光灯下，每天光照10h）培养，温度保持在23~28℃，20d后幼根平均长分别为99.0mm、86.3mm、78.0mm。

配方2：用1/2MS+蔗糖4%+IAA 0.4mg/L+6-BA 0.06mg/L+琼脂7%，pH6，经过高压灭菌后接种贝达、红富士、黑奥林、巨峰，20d后幼根平均长分别为94.0mm、36.5mm、16.8mm、50.8mm。此培养基对贝达繁殖有较好效果（辽宁省农业科学院植物保护研究所）。

3. 接种（茎段试管培养）

在超净工作台上，将彻底消毒过的备用嫩枝剪成2cm长的单芽茎段，将其下部插入灭菌后的试管培养基中，芽痕高于培养基面3~5mm，每管插1~3个茎段，在黑暗处培养48h，再转入间歇光照（两支40W日光灯下，每天光照10h）培养，温度保持在25~28℃，以后光照时间每天可延长至12~14h，光照强度为

2000~2500lx。

4. 继代培养

将试管苗剪成带叶单芽段，插入培养基中，一般10~15d开始生根，30~35d可长成5~6片叶的小苗，在适宜条件下，1年可繁殖数万株试管苗。

5. 炼苗移栽

试管苗长成后移到温室或塑料大棚里，在自然光照下炼苗。要求温度在20~25℃，经两周后将试管塞揭开，使之接受自然光照、温度、湿度锻炼4~5d。用镊子夹叶柄将小苗从培养基中取出，洗去培养基残留物，直接栽入温室或大棚中的小拱棚里的沙壤土或粗沙里，浇透底水。棚内湿度保持在90%左右，10mm下的地温应稳定在15℃左右，光照为4000~5000lx。15~20d后见幼叶变绿时，即可移植到大田，成活率达80%以上。如棚内温度过高，要通风和盖苇帘遮阴降温，喷洒凉水，提高棚内空气湿度和土壤湿度，以保持炼壮苗的适宜条件。

五、苹果的组织培养

苹果属于蔷薇科苹果属，落叶乔木，树木高大，生长势强，枝条多直立生长，果实圆形、长圆形，有黄色、绿色或红色等，酸甜可口，营养丰富，是老幼皆宜的水果，为世界四大水果之一。它的营养价值和医疗价值都很高，苹果中含有多种维生素、矿物质、糖类、脂肪等，有生津、润肺、除烦解暑、开胃醒酒、止泻等功效，还有防辐射、防癌、防铅中毒的功能。

1. 苹果的花粉培养

（1）选取小孢子处于单核期的花蕾枝条　小孢子单核期的花芽外部形态特征是：花芽已充分开放，有4~5片叶完全展开，中心花蕾吐红，周围花蕾明显增大，但花序尚未分离。

（2）预处理　把花蕾插入水中，放在1~3℃的冰箱内预处理。

（3）处理　摘取花蕾，在70%的酒精浸约0.5min，再在10%漂白粉上清液中浸15~20min，无菌水冲洗3~5次。

（4）胚状体的诱导　从花蕾中取出花药，接种到MS+2，4-D 0.4mg/L+KT 0.2mg/L+IAA 4mg/L+3%~8%蔗糖的固体培养基上培养，每瓶30~50个花药。在25~30℃下培养70d后，由变褐的花药裂口处开始产生胚状体。

（5）无根苗的诱导　把产生胚状体的花药接种到MS+IBA 0.5mg/L+GA_3 0.1mg/L+BA 1mg/L+3%~5%蔗糖的固体培养基上培养，在25~30℃和光照10h下，经40~100d以上，胚状体可形成次生胚状体或丛生芽，进而发育成无根苗。

（6）根系的诱导　切取无根苗，转接到1/2MS+IAA 1.5mg/L+1.5%~2%蔗糖的固体培养基上培养。经15~20d，小苗茎基部长出根，形成完整植株。也可用IBA 50~100mg/L溶液浸泡苗梢基部15~30min，再插入无生长素的培养基上，也能较顺利地诱导生根。

（7）花粉植株的移栽　在春、秋季盆栽，保持15～20℃和高空气湿度，一般可使成活率达到40%以上。

2. 茎尖培养

（1）从健壮母株上，选取带芽或茎尖的茎段，先用70%～75%的酒精浸泡30～60s，再用2%的次氯酸钠溶液浸泡10～15min，或用0.1%氯化汞液浸泡5～7min，最后用无菌水洗3～5次。

（2）剥取茎尖材料接种　为了培养无毒苗，取的茎尖材料应小，一般为0.1～0.2mm。为了加速无病毒材料的繁殖，或切取较大的茎尖，0.3～0.5mm大小，甚至带芽的较大茎段，如1～3mm。茎尖的大小同培养的难易有关，大的分化率高，分化速度快。所以除了特殊的目的外，宁肯用较大的茎尖。

（3）把茎尖接种在MS+BA 2mg/L+3%蔗糖的培养基上，诱导芽的分化。在25～30℃和光照下，先培养7～10d，见茎尖膨大转绿，再培养在黑暗中，可加快分化和绿化苗的生长。一般在暗培养中增殖2～3代。随后要转入光照下，以使苗生长健壮。光照强度以1500～2000lx为宜。

（4）把伸长的芽接种到MS+6-BA 0.5～1mg/L+NAA 0.05mg/L培养基，也可以添加GA_3 0.5mg/L，这时苗会长大并产生丛生苗。每4～8周可分别繁殖一次，每个月可增殖5～10倍。

（5）切取2cm以上的带顶芽的苗切段，插入1/2MS或其他低盐培养基（如White和Nitsh）中，附加IAA 1mg/L、IBA 0.2mg/L和$GA_3$3mg/L，可有效地促进生根。对生根困难的苹果砧木的试管苗生根，以先接种在含有IBA 2.0mg/L、间苯三酚162mg/L的LS培养基上，培养4～7d后，转入无激素的LS培养基，生根快而频率高。

（6）苹果的试管苗也可以不进行生根，而直接嫁接到苹果矮化砧木上，既可保持树体有良好的矮化特性，又可通过采用无病毒繁殖材料妥善地解决无病毒繁殖问题。

（7）生根苗移出进行沙培2～3周，最后在土壤中培养，其成活率可达26.7%～56.9%。

3. 胚培养

（1）幼胚培养一般在授粉后30～50d内取幼果，因这时种子内的胚已开始发育，较易培养成功。成熟胚培养取自处于成熟期果实的种子。胚培养的材料只需进行表面消毒，一般用70%酒精擦拭即可。

（2）切开果实，取出种子，剥出幼胚或成熟胚，接种在BA 0.25mg/L+IAA 0.5mg/L的1/2MS培养基上，可使胚得到良好发育。培养条件为25～30℃和1500～2000lx光照14h。

(3) 胚分化苗的增殖　把苗切段移植到加有 BA 0.5~1.0mg/L 和 NAA 0.05~0.1mg/L 的 1/2MS 培养基上，在光下培养，可使绿苗得到增殖和生长。

(4) 苗的生根或嫁接和移栽方法　同茎尖培养。

六、樱桃的组织培养

樱桃属于蔷薇科樱属，落叶乔木，樱桃成熟时颜色鲜红，玲珑剔透，味美形娇，营养丰富，医疗保健价值颇高，每百克樱桃中含铁量多达 5.9mg，居于水果首位；维生素 A 含量比葡萄、苹果、橘子多 4~5 倍。一般人群均可食用，消化不良者、瘫痪、风湿腰腿痛者、体质虚弱、面色无华者适宜食用。樱桃味甘、酸，性微温，能益脾胃、滋养肝肾、涩精、止泻。

1. 材料

取欧洲大樱桃幼嫩茎段，去掉已展开的幼叶，切割成长约 1.0cm 的段。

2. 消毒

用流水冲洗 1h 左右，置于超净工作台上用 70%酒精消毒 15~30s，无菌水冲洗 2 次，再用 0.1%$HgCl_2$ 分 2 次消毒，共计 10~15min，无菌水冲洗 4~5 次。

3. 诱导

将小切段接种于 MS+BA 0.5~0.8mg/L+IAA 0.1~0.2mg/L+0.6%琼脂+3%蔗糖培养基，pH5.6~5.8。每个培养基中接种 3~5 个外植体，培养温度为（25±1）℃，光照时间为 16h/d，光照强度为 2500lx。

4. 继代培养

在继代培养的后期，即转接生根培养基之前，较低的 BA 浓度有利于出壮苗。培养基配方：MS+IAA 0.1~0.2mg/L+GA_3 0.5mg/L+BA 0.3~0.5mg/L。

5. 生根培养

用 1/2MS+IBA 0.5~0.8mg/L+蔗糖 20g/L 培养基，根的生长速度虽慢，但生长整齐、粗壮，有利于移栽。当根的数量平均为 7~8 条，长度 0.5~1cm 时，即可移栽。

6. 移栽

移栽前打开瓶塞锻炼 3~5d，移栽基质用粗沙、蛭石、草木炭为基质，在 20~28℃和空气湿度 90%~95%条件下最好。

七、香蕉的组织培养

香蕉属于芭蕉科芭蕉属，热带地区广泛栽培食用。香蕉味香、富于营养，终年可收获，在温带地区也很受重视。香蕉植株为大型草本植物。香蕉含有称为“智慧之盐”的磷，又有丰富的蛋白质、糖、钾、维生素 A 和维生素 C，同时含膳食纤维也多，是相当好的营养食品。由于香蕉组培苗具有繁殖速度快、不带病毒、高产优质、生长成熟期一致、性状稳定和便于运输等优点，因此目前在生产上采用的香蕉种苗90%以上是组培苗。在无菌的条件下将香蕉营养器官的一部分组织通过生物技术的方法使其再生，形成完整植株。现将其培养繁育的程序介绍如下：

1. 种源的选择及外植体的准备

种源应在有严密隔离条件的香蕉种质资源圃或栽培条件优越的生产性蕉园选择。选出来的植株应无任何检疫性病虫害、生长健壮、高产、质优、吸芽（香蕉基部球茎上长出的一种侧芽）生长发育饱满。然后小心将吸芽挖离母体，带回实验室备用。先将吸芽假茎上的部分叶鞘剥除，然后将吸芽的茎尖部切下2~3mm长并对其消毒，可用95%的酒精洗涤15s，以杀死茎尖表面的病菌。消毒完毕后再次以0.1%氯化汞浸泡20min或以1.5%次氯酸钠溶液浸泡15min，接着用无菌水冲洗5min。随后将冲洗后的茎尖在超净工作台上继续逐叶剥除剩余的叶鞘，直至露出钟形的分生组织为止。将分生组织连同1~3个圆锥形叶原基一齐切下，长度约为0.2cm。

2. 外殖体的培养及增殖培养

培养外殖体的培养基应以MS基本培养基为基础，附加6-BA 5mg/L+腺嘌呤10mg/L为好。外殖体培养20~30d后，必须再转入增殖培养基上进行继代培养以便促进不定芽的增殖。增殖培养基为：MS+6-BA 2~5mg/L+NAA或IBA 0.1~1.0mg/L+腺嘌呤5~12mg/L。温度25~30℃，光照强度2000~3000lx，10~12h。

3. 生根培养

当外殖体增殖芽达到一定数量时需将其转入加有1~3g/L活性炭的生根培养基中培养。生根培养基是以MS基本培养基中大量元素浓度减半（即1/2MS）并加入激动素（KT）和6-BA各0.1mg/L而成。然后在适宜的温度和光照条件下培养，使其长出良好的根、茎和叶。

4. 组培苗假植

组培苗在大棚内可一年四季假植，但因香蕉大田种植期多为春植和秋植，故组培苗也应依大田种植季节假植。供春植（3~4月），组培苗应在11月至翌年2月上旬入袋；如配合秋植，组培苗应在6~7月入袋种植。还可根据大田种植所需苗的大小而决定组培苗入袋时间。如需大苗一般应提早入袋种植以便增加袋苗培育时间。

在组培苗从试管转入营养袋时还要注意苗的质量，一般要求瓶苗的假茎高2.5cm以上；粗为0.3~0.4cm，假茎浅绿色；具有2片以上自然平展的绿叶和2条以上白色的根，根粗而长约3cm以上，有分叉侧根和根毛；培养基面应无菌丝等污染物。经选择后的组培苗应将其根部的培养基洗干净并注意保持适当湿度，然后在24h以内植入营养袋中。袋中要装入优质的培养基质如塘泥、菜园土、火烧土、细煤渣、肥泥、沤熟的木糠、椰糠和蔗渣，还有粗河沙、蛭石和珍珠岩等。装袋时可按一定的比例合理调配培养基质，可选择肥泥、火烧土和河沙各1/3充分混合，也可用塘泥7份、细煤渣3份或者椰糠2份、肥泥8份等装袋。装袋的营养土可占八成左右，留下的空位再加上2cm厚左右的河沙。

5. 假植组培苗的管理

组培苗比常规繁育的吸芽娇嫩，因此在管理上应比培育吸芽精细得多。培育假植苗重点应在肥水的管理、温度的控制及病虫害的防治方面。

组培苗对水分的要求十分严格，过湿过干均易引起假植苗的死亡。一般在种植后应及时淋足定根水，以后可2~3d淋水1次，新叶长出后改为每1~2d淋水1次；植后棚内应保持95%左右的湿度。多使用喷雾洒水的方法维持，高温干旱的季节更应注意。在小苗出圃前则应逐渐减少水分的供应。假植苗对肥料的要求不如对水分的要求严格。施肥期多掌握在出新根或抽新叶之后，以稀薄肥料为主，可淋施0.1%~0.3%的复合肥，也可以在固定期喷施叶面肥如1%的绿旺N（氮）、绿旺K（钾）和磷酸二氢钾等，促使幼苗健康生长。

假植苗在大棚中的生长除肥水供应良好外，适宜的温度是其必需的条件。棚内的温度最好控制在28~30℃，低于8℃或高于35℃均会造成危害。如遇低温可在棚内搭小拱架覆盖薄膜保温；如遇高温除喷雾降温外，也可在白天将围膜适当卷起靠自然风降温。

假植在大棚内的组培苗因棚内高温多湿，小苗很易受真菌、细菌影响。特别是锈红斑点常易在小苗叶面上发生，随后形成褐斑的叶瘟病。此外急性叶枯病在小苗期也很易感染，应注意检查和防治。药物防治多使用灭病威、氧氯化铜、多菌灵、敌力脱和瑞毒铜等，但使用的浓度应比平常低些。

6. 移植大田

一般在出圃前1周先揭起棚周薄膜让假植苗继续锻炼，以提高小苗在大田中的适应性，然后才选择优质的小苗出圃。优质假植苗的出圃标准是：小苗假茎高8~10cm，新出叶片5~7片，叶色青绿而无病虫害，无徒长和无变异，根系发达。

八、柑橘的组织培养

柑橘属于芸香科柑橘属，常绿小乔木或灌木，高约2m。柑橘果实营养丰富，色香味兼优，既可鲜食，又可加工成以果汁为主的各种加工制品。柑橘产量居百果之首，柑橘汁占果汁的3/4，广受消费者的青睐。柑橘之所以呈橘红色，因为富含维生素A这种成分，饮用橘子汁后明显能减少肝炎患者的慢性病毒性肝炎症状发展成肝癌的风险。柑橘含有丰富的糖分、果酸和多种维生素，具有顺气、止咳、健胃、化痰、消肿、止痛、疏肝理气等多种功效。

1. 茎段培养技术

（1）材料和消毒　树龄约 15 年的柑橘，春、秋季在柑橘树上选取长 10~20cm 且长势一致的半木质化枝条，去掉叶片（保留叶柄基部）和刺，用 0.1%洗衣粉溶液清洗干净，再用自来水冲洗 10min，备用。在超净工作台上将枝条切成含腋芽约 1cm 的茎段外植体，并用 0.1%氯化汞溶液消毒表面 2 次，2 次消毒间隔时间为 1d。茎段消毒后进行纵切或横切，将含腋芽的部分作外植体进行培养。

（2）培养基　腋芽诱导培养基。基本培养基为 MT+7.0g/L 琼脂+30g/L 蔗糖，pH 5.7±0.1。不同的柑橘品种需要的激素不一样，下面列出主要的几种柑橘类品种培养基配方：

GL 橙为 MT + BAP（6 - 苯甲基腺嘌呤）1.0mg/L + IBA（吲哚 - 3 - 丁酸）0.1mg/L。

AW 橙和霜橙为 MT+BAP 1.0mg/L+IBA 0.2mg/L。

鱼橙为 MT+BAP 0.5mg/L+IBA 0.2mg/L。

培养温度（26±1）℃，相对湿度 60%，光照强度 2000lx、光照 14h/d。诱导培养 4 周后，将整个茎段外植体转接于新的培养基增殖扩繁培养（培养条件与诱导培养相同），每隔 4~5 周继代 1 次，并在继代培养过程中逐步除去老茎段组织。

在生产上通常可采用微芽或试管嫁接等方法获得生根的柑橘离体小植株。

2. 柑橘花药培养

品种：四季橘等。接种花药的花粉发育期为单核中晚期。花蕾经 50℃冷处理 2d。接种前花蕾用氯化汞消毒 10min，在无菌条件下取出花药，接种。

诱导的基本培养基：MS+6-BA 0.25~5mg/L+2,4-D 0.5~2mg/L+腺素（6-氨基嘌呤）40mg/L+GA_3 1~4mg/L+NAA 0.1~2mg/L+IAA 0.1~0.5mg/L+石油助长剂 1mg/L（石油助长剂是一种植物生长刺激素，主要成分为环烷酸钠）+水解乳蛋白（LH）500mg/L 等，根据不同品种，设计含有不同药品的培养基使用。蔗糖浓度为 2%~8%，琼脂 0.8%，pH5.8。

常用的诱导培养基：

MS+BA 1.0~2.0mg/L+2.4-D 0.05~0.2mg/L+5%~10%蔗糖，80~100d 后诱导出胚状体。

N6+KT 或 BA 2mg/L+2.4-D 0.5~2mg/L+8%蔗糖，70d 后诱导出小胚状体。

MS+BA 2mg/L+IAA 0.1mg/L+2%蔗糖+LH 500mg/L，20d 诱导出大胚状体。

MS（大量元素 1/2）+IAA 0.1mg/L+GA_3 1~4mg/L+2%蔗糖+LH 500mg/L，形成小植株。

植株再生培养基：将形成的胚状体转入 N_6+IBA 0.1~0.2mg/L+IAA 0.1mg/L+LH

500mg/L+5%~10%蔗糖，20~25℃，16h/d，胚状体可发育成完整植株。

诱导培养前期在黑暗条件下进行，后期转移至光照与黑暗各 12h 的条件下进行，光照强度为 500~800lx，培养室温度 20~28℃。

3. 柑橘珠心胚培养

利用柑橘的多胚性培育珠心苗是柑橘育种和品种脱毒复壮的一种最早使用且十分有效的方法。

材料为盛果期的脐橙，砧木是枳壳。

胚珠培养：采花后 7~8 周的幼果，自来水冲洗后，在超净工作台上，用 75%酒精浸 5~10s，再用 10%的次氯酸钠加 0.1%吐温-80 浸泡 8~10min，用无菌水冲洗 3~5 次备用。幼果横切，在双目解剖镜下，用尖头刀挑起胚囊内的幼嫩胚珠接种于培养基上。胚珠培养主要采用 MT 基本培养基，蔗糖浓度 3%~5%，0.8%琼脂，pH5.8，附加麦芽汁 2mL/L，6-BA 5mg/L，NAA 0.5~1.0mg/L、IBA 0.5mg/L。

砧木苗的培养：枳橙、枳壳、红橘和酸橙的成熟种子，在 75%的酒精中过 1 次，用 10%次氯酸钠加 0.1%吐温-80 浸 10min 灭菌，无菌水冲洗 3~5 次，剥去内外种皮，然后播种于固体 MT 培养基上，置于 27℃暗培养。生长 13~15d，黄化苗置于自然光下 24h 后，用作嫁接砧木。

多丛芽嫁接：即在无菌条件下，切去砧木的顶端，留茎长 3~4cm、根长 4~5cm，在茎顶端纵切一刀，劈成两半，0.7~0.8cm 长，然后把多丛芽切成楔形，嵌入砧木切口中，放入含滤纸桥的液体 MT 培养基培养。

单元四 药用植物的组织培养

一、芦荟的组织培养

芦荟（*Aloe vera*）是百合科多年生常绿多肉质的草本植物，也是一类用途很广的药用植物，世界各地均有分布和栽培。近年来全世界芦荟产业蓬勃发展，发展前景喜人。现报道进行组织培养研究的有木立芦荟等 10 多种，以克服芦荟分株、分蘖和分芽等繁殖系数低，适应改良培育新品种及工厂化育苗的需要。

（一）组培快繁工艺流程

芦荟组培快繁工艺流程见图 8-8。

（二）组培快繁技术

1. 外植体选择、处理与培养条件

外植体采用茎尖、带腋芽茎段、叶片与吸芽均可，以带腋芽的茎段效果最

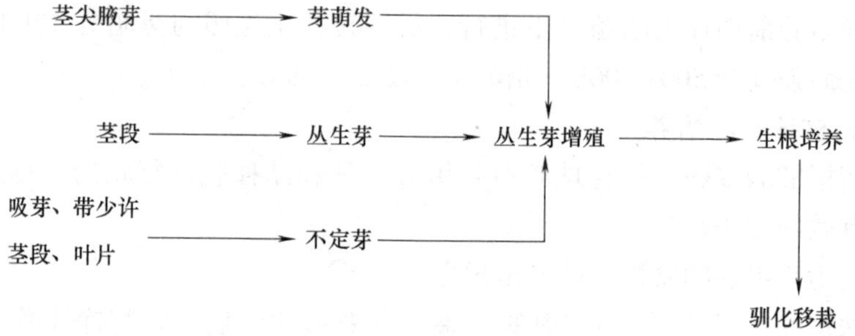

图 8-8 芦荟组培快繁工艺流程

好。取芦荟幼苗洗去表面泥土，经流水冲数小时后，剥去大叶，切掉根系，用2%洗洁精或饱和洗衣粉浸泡摇动 5min 后用自来水冲洗干净，再用 75%酒精漂洗 30s、3%次氯酸钠溶液消毒 20min、无菌水冲洗 5 次，沥（吸）干水后，将其纵切为两部分，接种在诱导分化与生长培养基上。

2. 初代培养

茎外植体接种到 MS+BA 3.0mg/L+NAA 0.2mg/L 的诱导分化培养基上。培养条件：温度 25~28℃，光照强度 1800~2000lx，光照 10~12h/d。15d 左右顶芽开始生长，腋芽萌动长出小芽，同时从材料基部切口和茎基部长出多个白色的小突起，小突起逐渐长成绿色的丛生芽。

以叶片作为外植体，如果没有带一些茎段，无法诱导出不定芽，且易发生褐变；带有少量茎段的，约 20d 在叶柄基部有不定芽产生；以吸芽为外植体，需切掉根。有根的外植体顶芽生长较快，诱导不定芽的速度较慢。

3. 继代培养

将初代培养获得的丛生芽进行分割，接种到 MS+6-BA 3.0mg/L+NAA 0.2mg/L+琼脂 0.7%+蔗糖 3%培养基继续培养，培养条件同上。30d 左右平均每个外植体有 4~5 个不定芽生成。

4. 生根培养

当继代增殖试管苗达到足够数量时，取 3cm 高的大芽转到 1/2MS+NAA 0.5mg/L 生根培养基中，15d 后开始生根，20d 后逐渐长成完整植株。

5. 试管苗的移栽

当小试管苗形成完整的植株后，先在室温下炼苗 8~10d，然后开瓶取苗，洗去琼脂，用 0.1%的多菌灵溶液浸泡 10~20min 后晾干表面水分，种植于泥炭土与细沙（2∶1）混合的基质中，移栽后防止阳光直射和基质过湿，保持 80%左右的空气湿度和 25℃左右的温度，成活率可达到 100%。

二、红豆杉的组织培养

红豆杉属（*Taxus* L.）植物为红豆杉科常绿乔木或灌木，是一类珍贵的木本裸子植物。从红豆杉中可提取紫杉醇。紫杉醇被认为是全世界36种抗癌药物之一。然而红豆杉在自然条件下生长缓慢，且繁殖异常困难，天然资源十分有限，且植株含紫杉醇量极低。因此，红豆杉的资源量与紫杉醇的需求之间存在巨大的差距。利用组织培养和细胞培养的方法来解决资源和药源的矛盾，已成为国内外学者关注的问题。

（一）组培快繁工艺流程

红豆杉组培快繁工艺流程见图8-9。

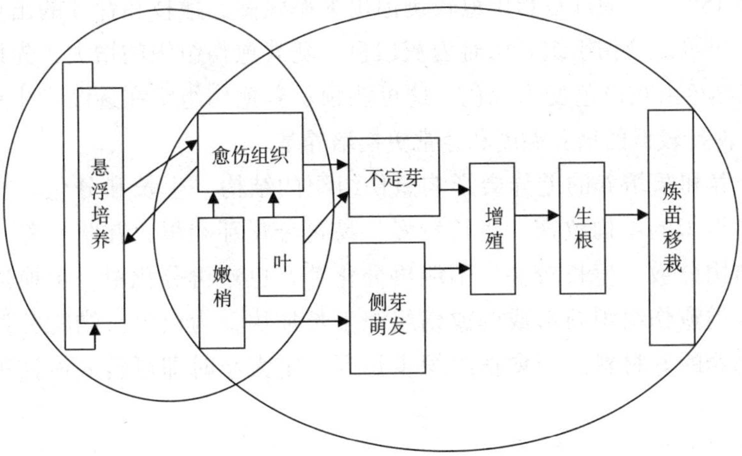

图8-9　红豆杉组培快繁工艺流程

（二）组培快繁技术

1. 外植体的选择与处理

红豆杉的顶芽与腋芽、种子、茎段、根、叶和树皮等器官均可诱导产生愈伤组织，一般常用红豆杉的嫩梢、针叶作为外植体，取材时间以每年的7、8月份为宜。选取当年生中上部枝条，将材料用洗衣粉水清洗浸泡30min，流水冲洗40min，再用35℃温水浸泡30min，然后在无菌操作台上用75%的酒精消毒30s，无菌水清洗3次，再用0.1%的 $HgCl_2$ 消毒15min，无菌水清洗5次。

将嫩枝从三角瓶中分批取出，用无菌滤纸吸去材料表面的水分，然后将嫩枝切成0.5~0.8cm的小段，并切取部分针叶、嫩枝切段同时用作外植体，接种在诱导愈伤组织的培养基上。接种时要求针叶的腹面接触培养基，嫩枝的植物学近地端接触培养基。

2. 愈伤组织诱导

诱导培养基 6，7-V+2，4-D 2.0mg/L+NAA 1.0mg/L+KT 0.25mg/L+LH 2000mg/L 或 White + 6 - BA 2.0mg/L + IBA 0.5mg/L + Ac 2000mg/L + Ca（NO_3）$_2$·$4H_2O$ 100mg/L，pH 为 5.8~6.0，另加琼脂粉 7g/L、蔗糖 30g/L。将接种好的培养物放置于培养室中培养，温度（25±2）℃，光照强度 1500-2000lx，光照时间 10h/d。

红豆杉的嫩枝和针叶在培养基上 2~3 周后即开始形成愈伤组织，4~5 周愈伤组织直径可达 1~2cm。不同种的红豆杉和不同的外植体之间形成愈伤组织的比率、时间早晚和生长速度存在明显差异，南方红豆杉和东北红豆杉的嫩枝切段出愈较快，出愈率分别为 89%和 70%，针叶出愈较慢，出愈率也较低，分别为 36%和 15%；普通红豆杉出愈较慢但出愈率较高，嫩枝和针叶的出愈率分别为 94%和 30%。愈伤组织开始时为灰白色，随着愈伤组织的增大，先期形成的愈伤组织颜色由灰白色变为棕色，这可能预示着愈伤组织在逐渐发生褐变，因此要尽量保持较低的培养温度和经常更换培养基。

光培养和暗培养的差异会影响愈伤组织的结构、生长和分化。在光培养下，愈伤组织的结构致密，生长较慢，易再分化芽和根；在暗培养下，愈伤组织的结构分散，生长较快，不能再分化芽，也难再分化根，更换适当的培养基，这类愈伤组织新形成的愈伤组织生长加快，为白色，结构分散，是细胞悬浮培养的好材料。当愈伤组织生长到一定大小时即可转入液体进行悬浮培养。

3. 悬浮培养

利用愈伤组织来生产提取紫杉醇，是一条正在探索的途径。通过嫩枝和针叶培养产生的愈伤组织直接转入液体培养基中进行细胞（悬浮）振荡培养。所用培养基与上述诱导培养基相同。在初次悬浮培养阶段可用 50mL 的小三角瓶，每瓶加 10mL 液体培养基，放入愈伤组织，在 20~23℃的摇床上振荡培养，光照条件与普通培养相同。初次将愈伤组织转到液体培养基即可适当加入少量纤维素酶和果胶酶，以加快愈伤组织分离成单个细胞或小细胞团。每周需要更换一次培养基，更换时用 5~10mL 的平头移液管将三角瓶中的愈伤组织、单个细胞或细胞团过滤出来，直接转到新鲜的培养基中即可。

在悬浮培养过程中应随时注意每瓶中愈伤组织、细胞团生长的情况，挑选生长最快和特征最好的作为继代的材料，丢掉那些不好的（生长缓慢、颜色不正等）材料，这样经过几代的选择，就可以挑出理想的材料，作为悬浮系进行扩增培养。

如果细胞团有褐变产生，可在培养基中加入 LH 2000mg/L 或 Ac 2000mg/L

加以改善。

4. 植株再生

在 White+6-BA 2.0mg/L+IBA 0.5mg/L+Ac 2000mg/L+Ca（NO_3）$_2$ · $4H_2O$ 100mg/L 培养基上，茎段外植体侧芽 20d 后开始萌发。在 6,7-V+2,4-D 2.0mg/L+NAA 1.0mg/L+KT 0.25mg/L+LH 2000mg/L 培养基上，培养 60d 后开始从愈伤组织上再分化芽或者在材料基部长出不定芽。将长 2~3cm 的嫩枝接种在 White+IBA 0.5mg/L+Ac 2000mg/L+Ca（NO_3）$_2$ · $4H_2O$ 100mg/L 培养基上培养可产生根系。当再生植株的根长至 2cm 时，将瓶移到普通房间的靠窗处接受自然光，并让下午 4 时以后的阳光直接照射再生植株，3~5d 后将植株自瓶内取出，放在盛水盘内 1~2d 即可移栽。移栽基质是将新鲜黄沙和泥炭以 2∶1 的比例混合。再生植株经锻炼后在温室移栽易成活，移栽 10d 后开始抽梢，15d 后已有新根长出。

三、枸杞的组织培养

枸杞（*Lycium chinensis*）为茄科多年生落叶灌木，原产我国，在东南亚及朝鲜、日本和欧洲各国都有分布。其果实可供食用，具有药用和保健作用等，是最常用药材和中成药原料，市场需求大。目前我国已成为枸杞子的最大出口国。

枸杞系异花授粉植物，天然杂交造成品种混杂，种子繁殖后代分离严重。因此，通过组织培养手段进行快速繁殖，对保持优良品种特性、加速育种进程和良种的繁育推广、提高产量和果实等级十分重要。

（一）组培快繁工艺流程

枸杞组培快繁工艺流程见图 8-10。

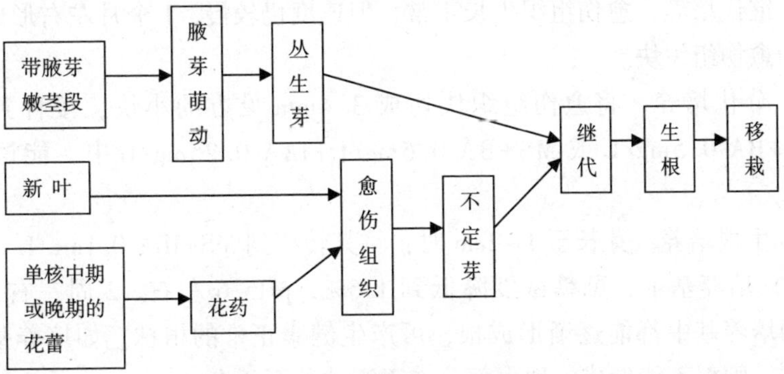

图 8-10　枸杞组培快繁工艺流程

（二）组培快繁技术

1. 茎段培养

（1）外植体选择、处理　取生长健壮较幼嫩枝条，剪去叶片，先用流水冲去尘土，在无菌条件下，用 70% 的酒精浸泡 20s 左右，再用含 0.1% $HgCl_2$ 的溶液消毒 8～10min，用无菌水洗 3～5 次，无菌纸吸干表面水分。将枝条切成 1cm 左右的带腋芽切段，接种到初代培养基上。

（2）初代培养　茎段接种到诱导培养基 MS+BA 0.5～1.0mg/L+IAA 0.1mg/L 上，在光照强度 2000～3000lx、光照时间 10～12h/d、温度 25～28℃的条件下培养。1 周后腋芽萌动，2 周后，形成绿色丛生芽，1 个月后新梢长度达 2cm。

（3）继代培养　将初代培养产生的丛生芽或新梢切割成单芽茎段，接种到 MS+BA 0.5mg/L+IAA 0.1mg/L 培养基上，30d 后可形成高 2～4cm 的无根苗，繁殖系数超过 6。

（4）生根培养　当上述无根苗数量足够多时，取出 1/3 进行生根培养。生根培养基是 1/2MS+IAA 0.1mg/L。1 周后，无根苗基部产生白色突起，2 周后，可形成 1cm 长的根。

2. 叶片培养

（1）外植体选择、处理　春季从未开花植株上取叶片，先用流水冲去尘土，然后在 70% 的酒精中浸 20s 左右，再在含 0.2% $HgCl_2$ 和 5% 安替福民的溶液中消毒 4～5min，用无菌水洗 3～5 次。在无菌条件下，将叶片横切成 1cm 左右的切段，接种到诱导培养基上。

（2）愈伤组织诱导　愈伤组织诱导培养基是 MS+KT 2mg/L+IAA 20mg/L。在弱光（1000lx）、25℃、全天光照下培养。诱导培养 1 个月后叶片的整个切口上逐渐产生白色致密的愈伤组织，愈伤组织生长缓慢。

（3）继代培养　将愈伤组织切下转移到 MS+BA 0.5mg/L+2，4-D 0.25mg/L 培养基上继代培养，愈伤组织生长正常，但速度仍较慢，1 个月左右形成一团白色紧密的愈伤组织块。

（4）分化培养　将愈伤组织块切成 3～4mm 见方的小块，接种到分化培养基 MS+BA 0.5mg/L 或 MS+BA 0.5mg/L+IAA 0.25mg/L 中，能诱导芽的形成。

（5）生根培养　芽长至 1～2cm 时，将其转移到 MS+IBA 0.1mg/L（或 NAA 0.1mg/L）培养基上，蔗糖浓度降低到 1.5%，pH5.6 左右。2 周左右，在含 2 种激素的培养基中都能逐渐形成根，可产生健康正常的植株。如培养基中无生长素存在，则根不能形成，地上部分亦逐渐枯黄而死去。

（6）试管苗移栽　小植株生长 1 个月左右，可移到用 MS 大量元素配制的溶液浸润的砾石中，加以覆盖。在光下培养，植株易于成活。

3. 花药培养

(1) 外植体选择、处理　取花粉发育时期处于单核中期或单核中晚期的花蕾。先用70%酒精浸泡几秒钟，再用10%安替福民浸泡7~8min，进行表面灭菌，无菌水冲3~4次，从花蕾中剥取花药，接种在诱导培养基上培养。

(2) 初代培养　诱导培养基为MS+KT 1mg/L+2，4-D 2mg/L+蔗糖3%。培养温度28℃，每天光照10h。在诱导培养基上，花药可直接产生胚状体，也可通过愈伤组织再分化出芽。

(3) 生根培养　当苗高1cm时，从基部切下，在无激素的MS培养基上培养10d左右，从茎基部长出根，形成完整植株。

单元五
树木的组织培养

一、松树的组织培养

松树和杉木、柏木一样属于针叶树，是重要的绿化和造林树种。过去主要利用种子繁殖。采用嫁接、扦插等无性繁殖方法扩繁优良植株，对松树的遗传改良有着重要的意义，但是在嫁接中有时易发生砧木和接穗不亲和导致嫁接树死亡，以及在扦插时表现出较老熟插穗不易生根等影响良种繁育进程的现象。采用组织培养技术进行松树快繁和良种繁育，则表现出明显的技术优势。目前已对白皮松、辐射松、海岸松、樟子松、火炬松、欧洲赤松等几十种松树开展了组织培养研究与应用。下面以湿地松为例，介绍松树的组织培养技术。

(一) 组培快繁工艺流程

湿地松组培快繁工艺流程见图8-11。

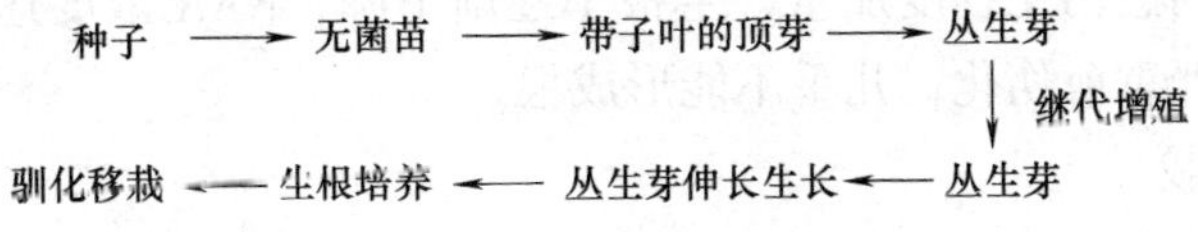

图8-11　湿地松组培快繁工艺流程

(二) 组培快繁技术

1. 外植体的选择与处理

选取优良的湿地松成熟种子，经4℃低温处理3~4周后，用0.1%高锰酸钾溶液预处理12h。流水冲洗1h后，在无菌条件下剥除种壳，再按70%酒精表面消毒30s、0.1%氯化汞浸泡2~3min、无菌水冲洗4~5次的顺序消毒后移入PDA

培养基中培养成无菌苗，备用。

2. 初代培养

从20~25d苗龄的湿地松无菌苗上切取带子叶的顶芽进行丛生芽诱导。丛生芽诱导培养基为改良 GD+6-BA 4~5mg/L+NAA 0.05~0.1mg/L，同时附加30mg/L 蔗糖、500mg/L 水解酪蛋白、450mg/L 谷氨酰胺、6g/L 琼脂，培养基pH5.8。培养温度（23±1）℃，光照强度2000lx，光照16h/d。接种4周后调查，丛生芽诱导率高达88.6%以上，丛生芽数多达4.1个以上，生长较健壮。

3. 继代增殖培养

丛生芽增殖培养基为改良 GD+6-BA 3~4mg/L+NAA 0.02~0.05mg/L，培养基中附加的蔗糖、水解酪蛋白等其他营养成分和培养条件同初代培养。将丛生芽单个切下或成丛继代到上述增殖培养基上，5周后丛生芽的增殖率可高达332%。此时即可进行丛生芽的伸长培养。

4. 丛生芽的伸长培养

丛生芽伸长培养基可选择无激素的改良 GD 培养基，其他同初代培养。将已分化的丛生芽转接到伸长培养基上，湿地松丛生芽伸长较为明显。另外，添加 NAA（0.02mg/L、0.05mg/L、0.1mg/L）、IBA（1.0mg/L）、活性炭（0.05%~0.1%）对丛生芽的伸长有一定的促进作用。8周后大部分丛生芽都能长至2cm。

5. 生根培养

丛生芽长至1.0~1.5cm时，将丛生芽切分成单个芽接种到生根培养基上。生根培养基为1/2改良 GD 培养基+NAA 0.05mg/L，附加20g/L 蔗糖，其他同初代培养。4周后生根率可达53.3%，且根茎连接处愈伤组织较少。NAA 的浓度对湿地松丛生芽的生根有着至关重要的影响。若将湿地松芽苗接种到无生长素的1/2改良 GD 培养基中，偶尔有不定根的发生。随着培养基中 NAA 浓度的增加，湿地松的芽苗生根率也随之上升，当 NAA 浓度超过0.05mg/L 时，则湿地松芽苗根茎连接处的愈伤化程度加重，生根率逐渐下降；NAA 浓度达到0.5mg/L 时丛生芽切口处严重愈伤化，几乎不能形成根。

6. 驯化移栽

当湿地松芽苗的根长达到1cm时，敞开瓶口炼苗，5~7d后试管苗出瓶，移栽于装有蛭石与河沙等比例混合的容器内，1个月后再生植株成活率最高达85%。

二、杨树的组织培养

杨树是世界上广泛栽培的重要的树种，因其具有生长快、抗性强、周期短、易加工、用途广等特性，长期以来受到人们的青睐。选用优良品种发展杨树速生丰产林是提高我国森林覆盖率、恢复生态平衡、大幅度增产木材、增加群众收入的战略决策之一，具有深远的经济、生态、社会意义。近年来选育出的一些新的优良品种（如速生杨110、卡帕茨杨等）具有耐旱耐寒、速生、抗病等优良特性，很快在我国迅速推广。仅靠1年1季的扦插繁殖已不能满足市场对杨树优质苗木的需求。因此，速生杨的组培快繁技术的研究与应用前景良好。下面就以卡帕茨杨为例，介绍其离体快繁技术。

（一）组培快繁工艺流程

卡帕茨杨组培快繁工艺流程见图8-12。

叶片 —诱导→ 不定芽 —继代增殖→ 不定芽 —生根培养→ 试管苗 —驯化移栽→ 成苗

图8-12　卡帕茨杨组培快繁工艺流程

（二）组培快繁技术

1. 外植体的选择与处理

卡帕茨杨萌芽前，取一年生枝条在光照培养箱内水培。取水培枝条上萌发的幼嫩叶片用常规方法消毒。然后将消毒的叶片剪成鱼刺状，平放于水-琼脂培养基上，20d后将不带菌的叶片转移到诱导培养基上，进行不定芽的诱导。

2. 初代培养

不定芽诱导培养基选用MS+BA 2mg/L+2.4-D 0.03mg/L，另加琼脂7.5g/L、蔗糖30g/L，pH5.8。将无菌叶片转移至上述不定芽诱导培养基，在光照强度2000lx、光照12h/d、温度25℃的条件下培养。20d左右在鱼刺状剪口处开始形成不定芽，35d后不定芽伸长生长状况良好，叶深绿较大。

3. 继代增殖培养

不定芽的增殖培养基选用MS+BA 0.3mg/L+IBA 0.1mg/L，pH及琼脂用量同诱导培养基。将生长健壮、苗高0.5cm左右的不定芽转移到增殖培养基上进行增殖培养，40d后单芽可增殖8倍，生长健壮。

4. 生根培养

当无菌苗生长到3cm左右时转移到1/2MS+IBA 0.2mg/L生根培养基上，20d后即可生根，生根率高达94%，根多健壮。

5. 驯化移栽

当试管苗根长1~2cm时开始炼苗，5~7d后将生长健壮的试管苗移栽入细沙：草炭土=1：1的栽培基质中，成活率高达90%多。据报道，在含有珍珠岩的基质中栽培，试管苗容易得立枯病，而且珍珠岩比例越高，立枯病越严重。

小结

常见植物组织培养

农作物与蔬菜的组织培养	甘蓝、无籽西瓜、马铃薯和甘薯组织培养的意义、脱毒与快繁技术
水果作物的组织培养	草莓、树莓、葡萄、苹果、香蕉和柑橘组织培养的意义、脱毒与快繁技术
花卉的组织培养	百合、红掌、兰花、非洲菊、香石竹和观赏凤梨组织培养的意义、脱毒与快繁技术
药用植物的组织培养	芦荟、红豆杉、枸杞的组织快繁技术
树木的组织培养	湿地松和卡帕茨杨的组培快繁技术

思考与练习

1. 简述草莓、无花果的组织培养方法。
2. 设计一种水果作物的组织培养方案。
3. 简述百合、红掌的快速繁殖工艺流程。
4. 兰花原球茎继代增殖时应注意什么问题?
5. 如何解决试管苗长得细高不壮的问题?
6. 花卉组培快繁时的培养条件与这种植物的生态习性有无关系?为什么?
7. 简述脱毒薯类作物的脱毒苗繁育技术。
8. 如何选择一种植物自行设计组培方案,并根据组培方案进行有效的组织培养?
9. 比较木本植物和草本植物在脱毒与快繁技术上有何不同。
10. 对农作物和蔬菜类植物材料进行消毒时最好不选用哪些消毒剂?为什么?
11. 请分析从事组织培养工作应具备哪些知识和能力?
12. 结合我国蔬菜、花卉、林业产业发展和药用野生资源开发利用现状,以及环境保护、实施可持续发展的战略需要,谈谈组织培养的应用价值。

参考文献

[1] 王振龙．植物组织培养［M］．北京：中国农业大学出版社，2007.

[2] 李俊明，朱登云．植物组织培养教程［M］．北京：中国农业大学出版社，2005.

[3] 刘庆昌，吴国良．植物细胞组织培养［M］．北京：中国农业大学出版社，2003.

[4] 曹孜义，刘国民．实用植物组织培养技术教程［M］．兰州：甘肃科学技术出版社，1996.

[5] 谭文澄，戴策刚．观赏植物组织培养技术［M］．北京：中国林业出版社，1991.

[6] 李浚明编译．植物组织培养教程［M］.2 版．北京：中国农业大学出版社，2002.

[7] 杨增海．园艺植物组织培养［M］．北京：中国农业出版社，1987.

[8] 李浚明．植物组织培养教程［M］．北京：中国农业大学出版社，1991.

[9] 程广有．名优花卉组织培养技术［M］．北京：科学技术文献出版社，2001.

[10] 刘青林，马讳，郑玉梅．花卉组织培养［M］．北京：科学技术文献出版社，2003.

[11] 焦瑞身等．细胞工程［M］．北京：化学工业出版社，1989.

[12] 韦三立．花卉组织培养［M］．北京：中国林业出版社，2001.

[13] 中国花卉协会．花卉快速繁殖［M］．上海：上海科学技术出版社，1989.

[14] 金波等．鲜切花栽培技术手册［M］．北京：中国农业大学出版社，1998.

[15] 杨乃博．花卉试管繁殖［M］．上海：上海科学技术出版社，1987.

[16] 刘进平．植物细胞工程简明教程［M］．北京：中国农业出版社，2005.

[17] 王蒂．植物组织培养［M］．北京：中国农业出版社，2004.

[18] 王玉英，高新一．植物组织培养技术手册［M］．北京：金盾出版社，2006.

[19] M. K. 拉兹丹. 植物组织培养导论：第 2 版 [M]. 肖尊安，祝扬，译. 北京：化学工业出版社，2006.

[20] 陈正华. 木本植物组织培养及其应用 [M]. 北京：高等教育出版社，1986.